菠萝蜜
施肥管理技术

苏兰茜　吴　刚　主编

中国农业出版社
北京

本书的编著和出版，得到海南省科技专项"菠萝蜜退化土壤定向改良关键技术研发与示范"，No. ZDYF2025XDNY111；海南省科技专项"抗逆优质丰产菠萝蜜育种技术体系优化与新品种选育"，No. ZDYF2024HXGG002；2022年中央财政林业科技推广示范资金项目"香蜜17号木波罗种苗繁育及配套栽培技术推广示范"，No.琼〔2022〕TG07号；海南省现代农业产业技术体系建设专项资金等课题经费资助。

编 者 名 单

主　　编　苏兰茜　吴　刚

副 主 编　白亭玉　辜春鹤　谭乐和　吴孔台

编写人员

白亭玉　朱自慧　朱科学　伍宝朵

刘爱勤　苏兰茜　杨幼龙　吴　刚

吴孔台　初　众　张彦军　张维亮

陈　蕾　林兴军　孟倩倩　胡丽松

贺书珍　秦晓威　徐　飞　徐晶晶

高圣风　唐　冰　符红梅　辜春鹤

谭乐和

前　言
Foreword

　　菠萝蜜（*Artocarpus heterophyllus* Lam.）是桑科（Moraceae）菠萝蜜属（*Artocarpus*）特色热带果树，也是热带木本粮食作物资源。菠萝蜜属的属名*Artocarpus*来源于希腊文artos（面包）和karpos（果实）就是"面包"的意思。成熟的菠萝蜜果肉含糖量很高，晾干后耐储存，因其富含大量蛋白质，轻便又富含营养，所以常常被作为干粮；此外，菠萝蜜种子富含淀粉，煮后味如板栗，种子磨粉可以用于面包烘焙。现代营养学研究也证实，菠萝蜜的营养几乎与米、面相近，菠萝蜜是南方的特色杂粮，是热带地区用途广泛的果粮兼用资源，也常被称为热带地区的"树上粮仓"。

　　菠萝蜜原产于印度南部，多分布于东南亚国家，主产国为印度、孟加拉国、泰国及马来西亚等。我国引种栽培菠萝蜜至今已有一千多年的历史。目前我国热带、南亚热带地区均有种植，实生群体性状变异大，资源丰富，果实味甜而香气浓郁，富含糖分及维生素C等，可食率达40％左右。可食部分每100克含碳水化合物24.1克，同时富含钙、磷、铁等元素。菠萝蜜有止渴、通乳、补中益气的功效，营养价值高，有"热带水果皇后"的美称，食后唇齿留香，故有"齿留香"之称。果实除作鲜果直接生食外，还可制作糕点、果脯、脆片、饮料等，未成熟的果实可作各种菜肴的配料；种子富含淀粉，可作为粮食的补充，是南方的"木本粮食"；此外，菠萝蜜木材木质细密、色泽鲜黄、纹理美观，是优质的家具用材。

菠萝蜜为菠萝蜜属热带作物，高 10～15 米，树冠圆头形或圆锥形。定植后 3～5 年便可收获，第 6 年进入盛果期。目前，我国菠萝蜜产区主要分布在海南、广东、广西和云南等省（自治区），以海南、广东等地种植最多。据不完全统计，1999 年我国菠萝蜜种植面积约 2 万亩，近 20 多年来，菠萝蜜生产发展迅速，种植面积以每年 15% 以上的速度增长，并在一些优势产区出现了规模化商业种植，至 2023 年年底我国菠萝蜜种植面积达 50 多万亩，其中海南种植面积和产量分别居第一位，主要栽培品种为马来西亚 1 号（琼引 1 号），以及近年引进选育的泰 8（琼引 8 号）、自主选育的香蜜 17 号等，种植总面积达 30 多万亩；广东种植面积约 10 万亩，主要以常有菠萝蜜及四季菠萝蜜品种为主；云南南部的西双版纳、红河等地区菠萝蜜产业也发展迅速，种植面积达 5 万～6 万亩；广西种植面积与云南差不多，在南部的热带地区迅速推广；其他省区种植面积达 2 万亩左右。年总产量达 30 万吨以上，农业总产值 40 多亿元。

目前，我国热带地区特色高效农业和农村发展面临农业产业转型困难及农民增收渠道少等问题。菠萝蜜种植方式灵活多样，栽培管理粗放易管，无论山地、丘陵、平原或沿海地区，以及房前屋后、村庄边缘、公路两旁等，均可栽培，也是绿化美化乡村、发展庭院经济的好资源。我国海南、广东湛江等地，群众喜欢在庭院种植菠萝蜜，吃10～12个菠萝蜜果苞，就能填饱肚子，当地自古就有种植菠萝蜜以防灾荒年的传统。大力发展菠萝蜜产业，无论是从丰富人民群众的"果篮子"角度还是从城市和农村绿化角度，或是从粮食安全的角度来看，都具有重要的现实意义。

大力发展菠萝蜜产业，是贯彻落实中央一号文件中"构建多元化食物供给体系。践行大农业观、大食物观，全方位多途径开发食物资源"等部署；符合农业农村部《"十四五"全国农业农村科技发展规划》中"加快园艺作物智能标准化生产、热带作物和大田经济作物绿色优质生产等轻简化、机械化、规模化、标准化技术集成与大面积示范应用"的规划要求。菠萝蜜是特色热带果树，也是热带木本粮食作物，其产业发展及销售量正逐年呈递增趋势，经济价值高，具有很好的开发潜力和市场前景，有望成为乡村振兴、产业发展的可选新产业。

本书由中国热带农业科学院香料饮料研究所主编，吴刚负责菠萝蜜生物学特性、种苗繁育技术等章节的编写；苏兰茜、白亭玉、吴孔台负责菠萝蜜果园管理技术、施肥技术等章节的编写；辜春鹤负责菠萝蜜收获和加工章节的编写，其他人员参加了编写或统稿。本书所参考的资料是国内外菠萝蜜研究成果与实践经验总结，也有本所最新研究成果。特别感谢海南农垦南金农场有限公司张维亮、吴孔台、徐晶晶为本书提供宝贵的生产实践经验，感谢中国人寿财产保险股份有限公司宜宾市中心支公司的陈蕾为菠萝蜜种植过程中的灾害风险管理以及国家强农富农惠农政策解读和应用提供的相关建议。本书对加快我国菠萝蜜产业科技进步，农业增效、农民增收以及产业可持续发展均具有重要指导作用。

本书系统介绍了热带果树菠萝蜜的生物学特性、种苗繁育技术、果园管理技术、施肥技术以及收获和加工等基本知识，具有技术性和实用操作性强、图文并茂等特点，可供广大热带果树种植者、农业科技人员和院校师生查阅使用，本书对指导我国发展菠萝蜜的商品生产具有重要现实意义。本书是在中国热带农业科学院香料饮料研究所系统研究成果并参考国内外同行最新研究进展基础上编写的，编写过程中得到其他有关单位的热情支持，在此谨表诚挚的谢意！由于编者水平所限，不足之处，恳请读者批评指正。

编　者

2025年2月28日

目 录
Contents

前言

概　述

>>　第一节　起源与传播　<<

菠萝蜜（*Artocarpus heterophyllus* Lam.）是特色热带水果，也是特色热带木本粮食作物，素有"热带珍果"之称。菠萝蜜属的拉丁名*Artocarpus*一词来源于希腊语中的artos（面包）和carpos（果实）。

菠萝蜜全身都是宝。菠萝蜜果实中含有丰富的糖分和蛋白质，果肉芳香味甜、营养价值高，富含糖分及维生素C等，果实可食率40％左右。可食部分每100克含碳水化合物24.1克，同时富含钙、磷、铁等元素，有止渴、通乳、补中益气的功效。菠萝蜜种子平均粒重约10克，一个果实通常有百颗种子，种子富含淀粉，煮食或炒食，味香如芋；单株年可产种子30千克，每亩*产量400千克左右，几乎达到主要粮食作物亩产量的一半，可作粮食代用品，是南方的"木本粮食"果树，对"备荒"有一定作用。未成熟果实可作蔬菜，储藏发酵后又是上等的猪饲料；成熟果实除鲜食外，还可制成果干、果汁、果酱、果酒、蜜饯等食品。树干心材坚硬，黄色，纹理细致、美观，耐腐，加工容易，是做高档家具的好材料。树根可制珍贵木雕。木屑可作黄色染料。树叶、果皮可作畜、鱼的饲料。树液可治溃疡及胶着陶器。

菠萝蜜属是桑科植物中的第三大属，其源自何处说法甚多，概括起来主要有三种，分别是：印度起源说、西亚起源说以及东南亚和南亚起源说。研究人员普遍认可的是菠萝蜜起源于西亚高加索的热带雨林，印度和马来西亚一带，后来传播至大洋洲，然后传播到邻近的斯里兰卡南部、东南亚（缅甸、泰国、马来西亚、老挝、柬埔寨、越南、印度尼西亚和菲律宾）国家、中国南部地区。十七世纪中叶到十九世纪末，菠萝蜜传播至热带非洲国家，其中包括肯尼亚、乌干达、坦桑尼亚、毛里求斯和马达加斯加，再后来传播至亚热带巴西、苏里南、牙买加、美国的佛罗里达和澳大利亚。之后又从这些国家传播到更远的赤道南北纬30°间其他热带和亚热带国家或地区。在世界热区，菠萝蜜

---

*　亩为非法定计量单位。1亩 ≈ 667米²。——编者注

是备受推崇的重要粮食作物，多次让印度、孟加拉国、斯里兰卡、越南、泰国、印度尼西亚等国免遭粮食短缺危机。

隋唐时期，菠萝蜜传入中国。在《本草纲目》中有这样的描述："波罗蜜，梵语也。因此果味甘，故借名之。"因此，民间亦称菠萝蜜果为佛果。同许多其他热带作物一样，菠萝蜜也是经由多条路径传入中国的。概括起来大致有三条路径。线路一为南朝萧梁时期，波罗国（今印度）使臣达奚司空携菠萝蜜种入中国，将其植于广州，距今已有 1 500 余年。线路二为元明时期，菠萝蜜由东南亚国家进入中国，并率先在最适宜菠萝蜜种植与推广的海南岛落地生根。线路三为明朝末年，菠萝蜜引入台湾，但发展速度缓慢，规模也十分有限。元明清三代，随着文化交流的进一步拓展以及市场需求的逐渐扩大，菠萝蜜才开始在中国的广东、海南、广西、云南和福建等地区广泛种植。之后，在原始中心的边缘地区又发展出菠萝蜜的次生中心。上述这些地区绝大多数都处在亚热带和热带，其气候、温度、湿度和东南亚、南亚一带相似，适宜菠萝蜜生长。菠萝蜜在中国引种成功后，经过长期驯化，树高、成熟期、开花次数、果形、果苞厚度、果苞颜色、甜度和香味等指标都发生了一定程度的变异，比较圆满地完成了它在中国的本土化演变，成为我国南方地区重要的水果品类。

我国栽培菠萝蜜至今已有一千多年的历史。《隋书·四夷传》记载："百济有异树，名波罗婆"。"波罗婆"指的就是菠萝蜜，可见菠萝蜜在隋唐时期就传入中国，但当时种植发展缓慢，规模亦十分有限。元明清时期，菠萝蜜开始大范围传入中国境内，种植面积大幅度增加，受地理和气候因素制约，仅限于南方热带、亚热带的少数几个省份种植成功。当时的地方志、植物药书、综合性农书及一些诗歌均可为证。中国最早详细记录菠萝蜜的是明代马欢，他和郑和一起下西洋，后著书《瀛涯胜览·占城国》，提到了菠萝蜜："其波罗蜜如冬瓜之样，外皮似川荔枝，皮内有鸡子大块黄肉，味如蜜。中有子如鸡腰子样，炒吃味如栗子。"明朝李时珍在《本草纲目》中记载：菠萝蜜生交趾、南番诸国，今岭南、滇南亦有之。内肉层叠如桔，食之味至甜美如蜜，香气满室。止渴解烦，醒酒益气，令人悦泽。核中仁，补中益气，令人不饥轻健。据《正德琼台志》所记："波罗蜜树自萧梁时西域司空携二枚栽于南海神庙……他处皆自此分布。""菠萝蜜有干、湿苞二种。剖之若蜜。其香满室。出临高者佳。间有根结，地裂香出，尤美。"

现海南、广东、广西、云南、福建、台湾和四川南部的热带、南亚热带地区均有栽培，以海南种植最多。菠萝蜜是海南特色果树品种，当地常称为"包蜜"。《海南省志·农业志》介绍，解放初期菠萝蜜主要分布在琼山、文昌、屯昌、澄迈、定安等红土地区，如今已遍及全岛，从海拔 16 米的洼地到 1 600 多米的丘陵、高山地带都有种植。但是传统菠萝蜜种植多采用种子繁殖，一般要7～8年才结果，单株产量从50千克到100千克不等，面临着品种逐步老化和产量逐年下降等问题。同时，果树抵抗病虫害的能力也大不如前，果实的外观和果肉的质量也呈下降趋势，再加上果品加工以及营销手段落后等因素，制约了菠萝蜜产业的发展。在1999年以前，海南的菠萝蜜以房前屋后零星种植为主，在自然和人工选择过程中产生了不少优异单株，品质优，产量高，有的株产可达上千斤，这也是实生选育自主品种的基因库（图1-1、图1-2）。

图1-1　菠萝蜜结果树（小果）

图1-2　菠萝蜜结果树（大果）

近年来，随着学术交流的加强以及种苗繁育等配套栽培技术的完善，菠萝蜜产业才逐渐发展起来。自1999年始，海南儋州国营西联农场从马来西亚、泰国引进菠萝蜜优良品种进行试种并取得成功。其中琼引1号已成为海南省的主栽品种，由于该品种见效快，效益高，栽种18个月便可挂果，单果重达10～30千克，盛产期亩产量可达3 000千克以上。自此我国菠萝蜜的标准化、规模化种植迅速推广，首先以西联农场为中心辐射儋州市周边及农场栽培，西联农场种植该品种的面积达5 000亩以上，已进入盛产期，经济效益显著，并呈辐射状向海南新中、红明、东升、岭头、南金等国营农场推广种植。其中，南金农场以打造中国最大的优质万亩菠萝蜜产业核心基地为目标，从标准化种植、产地集散、产品加工等完善产业链创新，提升产业价值链，截至2023年年底该农场已种植菠萝蜜上万亩。由于该品种见效快，盛产期亩产值近万元，深受百姓欢迎，万宁、琼海、文昌、昌江、保亭等市县的农民大量垦荒种植，或在槟榔园、胡椒园间作菠萝蜜。近年来，海南省加大热带同纬度果蔬资源引进种植力度，推进热带果蔬向着规模化、差异化、标准化、精品化发展，做强做优热带特色高效农业，赋能乡村振兴。菠萝蜜是海南引进的有较好经济价值的水果类别之一，成为了当地农户增收的"甜蜜果"。这几年，逐步推广种植从泰国、越南等地引进的泰8、泰12等菠萝蜜；此外也有热科院香饮所自主选育的香蜜17号菠萝蜜，促进菠萝蜜多元化、差异化品种的推广与传播。

菠萝蜜种植管理粗放，对地力要求不严，种植地由过去种植在房前屋后、村庄边缘，扩展到公路两旁的行道、山坡林带和集中连片标准化、规模化种植，成为我国热区发展速度较快，种植较普遍的热带果树之一。一般在乡村的房前屋后或道路两旁或防护林种植，可分散栽培或成片种植。新品种引进后，种植3～5年便可收获，第6年进入盛果期，平均单株结果30～100个，单果重10～20千克，为投资少、见效快的热带果树。自2007年以来，广东省茂名、高州、阳东等地区菠萝蜜产业发展迅速，建立了多个菠萝蜜栽培示范基地，主栽品种为常有菠萝蜜及四季菠萝蜜等。海南、广东菠萝蜜产业发展迅速，并涌现出一批菠萝蜜产业相关的公司、种植致富户，如海南农垦南金农场、海南琼海东升农场、海南保亭三道赤道张府园种养专业合作社、广东高州市华丰无公害果场等。

据不完全统计，截至2023年我国菠萝蜜种植面积达50多万亩，其中海南省菠萝蜜种植面积达30多万亩。随着我国旅游业的发展及人民生活水平的提高，对特色水果要求已日趋多样化，市场对菠萝蜜的需求越来越大，特别是鲜果芳香味甜，很多游客甚是喜欢，销量有逐年增长的趋势，我国仍需从泰国、越南等东南亚国家进口。据进出口数据统计，2022年我国进口菠萝蜜鲜果20万吨以上，因此，发展本土菠萝蜜产业具有很大的市场潜力。在我国热带、南亚热带地区，发展菠萝蜜产业，既可满足市场需求，也可为热区提供一条致富之路。

>>　第二节　生产与消费现状　<<

一、世界菠萝蜜生产与消费现状

1.世界菠萝蜜生产现状

菠萝蜜在世界热带、亚热带地区均有种植，广泛分布于亚洲热带地区，主产国有印度、孟加拉国、马来西亚、印度尼西亚、越南、斯里兰卡、菲律宾等；东非的肯尼亚、坦桑尼亚，美洲的巴西、牙买加及美国佛罗里达州南部、夏威夷也有少量种植。由于菠萝蜜是小宗特色水果，一直未被充分开发利用，目前联合国粮食及农业组织以及主产国仍没有可靠的统计数据。根据各主产国收集的部分资料统计，全世界菠萝蜜种植面积约400万亩（表1-1）。在印度，菠萝蜜常被称为吉祥水果，种植面积达10.2万公顷，年产量140多万吨。印度是世界最大的菠萝蜜生产国，现今在原产地还保存有记载树龄500年以上的古树（图1-3）。孟加拉国把菠萝蜜列为"国果"，年产量约100万吨，占水果总量的17%，在社会经济中起着重要的作用。斯里兰卡人亲切地称菠萝蜜树为"大米树"，当地菠萝蜜种植面积约4 500公顷，在缺乏大米或其他主食时，将其作为主食替代品。菠萝蜜也是南亚备受推崇的重要木本粮果作物。资料显示，菠萝蜜树多次让印度、孟加拉国、斯里兰卡等主产国避免粮食短缺危机，特别是2020年受新冠疫情影响，菠萝蜜更彰显其在粮食危机时的重要性。世界菠萝蜜鲜果年产量多以供应生产地区本国市场为主，进出口贸易20%左右，加工量不足生产总量的20%，中国、越南、泰国、马来西亚为加工菠萝蜜产品的主要生产国，产品多供应欧美国家及日本、韩国等。其中，越南是世界上菠萝蜜鲜果和加工产品的最大出口国，其在菠萝蜜深加工技术等方面走在了世界的前沿。

表1-1　主产国菠萝蜜种植面积和年产量

国家	种植面积（万亩）	总产量（万吨）
印度（2023年）	153.00	143.60
孟加拉国（2022年）	24.90	100.00
泰国（2023年）	55.50	40.00

（续）

国家	种植面积（万亩）	总产量（万吨）
中国（2022年）	50.00	30.00
越南（2023年）	45.00	25.00
菲律宾（2023年）	19.50	6.70
马来西亚（2021年）	7.00	3.58
斯里兰卡（2023年）	6.75	—
印度尼西亚（2023年）	4.50	3.40
尼泊尔（2023年）	2.40	1.90

图1-3　500年以上的菠萝蜜树

　　菠萝蜜在马来西亚、越南和泰国等国家的部分地区有一定的规模化种植，但在印度、尼泊尔、印度尼西亚、斯里兰卡和孟加拉国等国家，大都是零星、粗放种植，且以庭院种植为主。大部分种植主体是分散的小农户，大多不使用化肥和农药，甚至不需要灌溉。传统的栽培品种和生产技术一般一年果实成熟一次。由于不同的地区和品种的差异，从11月中旬至次年2月中旬都有开花，果实上市时间从3月起至8月。由于优良种苗和栽培技术的缺乏，菠萝蜜的商业化栽培仍处于初级阶段。很多主产国的菠萝蜜种苗一般都是通过种子繁育而成，需要8～10年才能开花结果，前期投入时间太长。劳动力支出以家庭为主，主要用于种植、修剪和收获。菠萝蜜种植户以每棵树价格在8～20美元不等出售给中间商，按每公顷100株计，一个盛产期的菠萝蜜种植园每公顷可以获取1 500美元，农民得到的是净利润。而收获、运输和营销也是由中间商安排，他们决定了果品市场价格，农户在谈判过程中处于弱势地位。中间商经过产地集散到周边各个城市的超市、水果店，溢价一般为收购价的1倍，销地零售环节一般是剖开保鲜销售，卖给各个家庭群体。粗略统计，生产种植、产地集散、销地零售环节价值链差不多各占了1/3，比如生产种植端销售4元/千克，产地集散之后变成8元/千克，零售环节为12元/千克。

　　总体来说，世界菠萝蜜主产区种植环节组织化程度不高，易受异常天气影响，栽培技术薄弱，商品化和标准化水平低，产区价格周期波动，流通链条复杂、效率低，利润大幅波动，进而导致整个价值链利益出现损失。

　　在菠萝蜜的主产区也出现一些产地加工企业，越南、泰国和马来西亚相对起步领先一些。对菠萝蜜进行加工销售，延伸了产业链，其经济效益要比直接销售鲜果高得多。而且，经过加工的菠萝蜜携带方便、产品竞争力提高，能获取常规销售3～5倍的利润。

2.世界菠萝蜜消费现状

　　由于菠萝蜜属于小宗水果类，果大、重，不方便运输，大部分以加工产品或半成品进出口，少部分是鲜果进出口。相关文献分析数据，主要的出口国：越南、马来西亚、印度、泰国、斯里兰卡、孟加拉国、哥伦比亚、乌干达、牙买加、肯尼亚；主要的进口国家和地区：英国、日本、美国、韩国、中国、加拿大、俄罗斯及东盟、欧盟、中东和北非等。

　　当前，越南是世界上菠萝蜜加工产品的最大出口国，将菠萝蜜加工成脆片、果脯、果干等，打入美国、中国、日本和韩国市场，成为深受消费者喜爱的特色休闲食品，经济效益显著。马来西亚菠萝蜜鲜果市场发展迅速，开发初加工保鲜技术，延长了新鲜菠萝蜜保质期，加工的鲜果远销欧洲、中东、美国等国家和地区。

　　印度、马来西亚、泰国、孟加拉国、斯里兰卡、乌干达、牙买加、肯尼亚和哥伦比亚，都有出口菠萝蜜到欧洲市场，消费市场潜力巨大。斯里兰卡至少有十余家公司生产菠萝蜜加工产品，增加其附加值出口欧洲国家。中国是越南、泰国菠萝蜜的主要出口国，根据2018年的数据，泰国共出口菠萝蜜38 709吨，出口额1 467万美元，其中对中国出口18 244吨（占比47.13%），出口额813万美元（占比55.45%）。据不完全统计，同时期越南出口到中国的菠萝蜜更多，达10多万吨。

二、中国菠萝蜜生产与消费现状

1.中国菠萝蜜生产现状

中国菠萝蜜产业发展迅速，据不完全统计，1999年我国菠萝蜜种植面积约2万亩，近20年来，菠萝蜜生产发展迅速，种植面积以每年约15%的速度增长，并在一些优势产区出现了规模化商业种植，出现一些高素质农民经营主体、大型菠萝蜜种植、加工农场公司，比如海南某公司有1万亩菠萝蜜种植园、冷链运输及菠萝蜜加工公司。截至2022年年底我国菠萝蜜种植面积约50万亩，其中海南种植面积和产量分别列居第一位，主栽品种为琼引1号、琼引8号，种植面积约30万亩；广东湛江地区约10万亩，主要以常有菠萝蜜及四季菠萝蜜为主；广西、云南等省份10多万亩。年产量达30万吨以上，年产值40亿～50亿元。菠萝蜜在我国多年的引种适种和驯化过程中，逐渐形成了以下五大优势生产区：

（1）海南优势生产区　种植面积和产量分别列居第一位，主栽品种为琼引1号、琼引8号等，种植面积约30万亩。据明代《正德琼台志》所载，海南岛的菠萝蜜最初由外邦传来，时间约在元朝中叶。初期种植在临高县，之后邻近地区渐有种植。该区域内菠萝蜜因品质优良，常常作为贡品进献京城，但因劳民伤财，明英宗即位后随即废止。海南岛是公认的中国菠萝蜜最佳丰产区。明代王士性《广志绎》即言："此（菠萝蜜）产琼海者佳"。其中又以海南的文昌、定安、海口、儋州和万宁一带所产为优。

（2）广西优势生产区　种植面积5万多亩，年产量达8万吨以上。一般认为，广西的菠萝蜜引种自海南岛。民国时期，广西的南宁、梧州、贵港、玉林、北海、钦州、崇左、防城港等地的方志均有关于菠萝蜜的记载，现今的博白县沙河镇已成为菠萝蜜生产大镇，当地有着上百年菠萝蜜种植历史（图1-4）。

（3）滇南优势生产区　种植面积8万多亩，年产量达15万吨以上。云南南部西双版纳傣族自治州也是菠萝蜜优势产区。云南省玉溪市元江哈尼族彝族傣族自治县生产菠萝蜜，近年来也在大力发展该产业。据《植物名实图考》记

图1-4 广西博白县沙河镇菠萝蜜古树

载："滇南元江州产之，三五日即腐，昆明仅得食其仁，其余多同名异物。"过去滇南地区种植菠萝蜜主要为了利用其药用价值。滇南位于西南边陲，少数民族相对集中，当地民众在长期的生产实践中摸索出一套行之有效的中药药方。傈僳族、傣族都将菠萝蜜视作本民族的药用植物。《中国民族药志要》记载：菠萝蜜果实可用于食欲不振、渴饮、饮酒过度；幼果可用于调理产妇无乳汁；树汁及叶可用于消肿解毒、治疗骨折。此外，菠萝蜜还可作为村庄的绿化树、城市的行道树。树形美，叶常绿，绿化效果好。

（4）广东优势生产区　种植面积约10万亩，主要以常有菠萝蜜以及四季菠萝蜜为主（图1-5、图1-6）。广东的雷州半岛地区盛产菠萝蜜，人们多将其

图1-5　珠海斗门大赤坎村菠萝蜜古树

种植于庭院之中。徐闻人常用菠萝蜜和蜂蜜来浸泡制成菠萝蜜酒，这种液体金黄的甜酒被称为"徐闻液"。此外，当地人还用米汤泡菠萝蜜树叶等偏方来治疗腹痛等常见疾病。李时珍《本草纲目》认为菠萝蜜瓤可以"止渴解烦，醒酒益气，令人悦泽"，核中仁能够"补中益气，令人不饥轻健"。可见，广东地区的百姓很早以前就已经深谙菠萝蜜的药用价值。

　　(5) 闽台优势生产区　福建省的菠萝蜜主要产自莆田地区。清代同治《福建通志·物产》记载，兴化府、泉州府、漳州府等地皆有菠萝蜜出产。台湾的气候和水土条件十分适合种植菠萝蜜，故而菠萝蜜一直都是台湾非常重要的水果。据王士祯《分甘余话·台湾物产》所言："台湾物产多异中土。按东郡太守孙湘南元衡《赤嵌集》所录有波罗蜜（状如米，顶中分十数房，似莲瓣抱生。其色黄，其味甘，房各一实，煮食似栗）。"

　　菠萝蜜在以上五大优势产区得以快速发展，其大面积种植的原因各不相同，概括来说，主要包括食用价值、药用价值、木材的使用价值、观赏价值等。由于菠萝蜜栽培分散，果实个头大，且大部分种植主体以小农户为主，家

图1-6 广东阳江庭院菠萝蜜树

庭经营规模10亩以下的农户数量占比超过80%，销售渠道单一，较难形成规模化的销售集散地；产期调节能力差，每年海南、广东菠萝蜜集中在6—8月上市，导致市场价格波动大（收购价格为1～10元/千克），易形成丰产不丰收的局面，种植者的经济利益无法得到保证。近年来，针对菠萝蜜集中上市出现的价格波动幅度较大、产销对接不畅等问题，一些地区也出现了菠萝蜜专业合作社或行业协会，组织经营和产业化取得一定成效。

在主产区的海南，出现了产地加工企业，研发出菠萝蜜系列加工产品，如果干、脆片、菠萝蜜酸奶、果汁、果酱、果酒等，提高了产品附加值，带动了前端种植经济效益，加工总量占生产总量的15%～20%，但仍需提高。

2.中国菠萝蜜消费概况

长期以来特色水果菠萝蜜在市场上大多在原产地以鲜果的形式消费为主，保质期短，销售价格随产区及季节波动较大。随着近年特色水果产业种植规模的不断扩大，各级有关政府职能部门逐渐重视，菠萝蜜专业合作社不断涌现，道路运输及通信的逐步完善，我国菠萝蜜鲜果除产地市场外，年产量的

50%～60%还远销北方的大中城市如北京、西安等；一些地区也出现了菠萝蜜专业合作社或行业协会，组织经营和产业化初步取得成效，这些合作社初步与内地的一些销售方、加工企业建立供销关系，在销售信息行情方面较主动，在一定程度上保障了农户的利益。但是大多数合作组织基础条件差，整体实力有限，辐射面小，服务领域窄，功能不健全，生产经营的组织化程度低等问题还需逐步解决。

此外，近年来快递行业快速兴起，少部分中小果型的鲜果还以快递的形式邮寄到各地。海南菠萝蜜通过道路运输，路途遥远且需过海峡，由于热带水果南果北运，运输、销售环节时间较长，为保证水果到目的地能正常销售，大多果品在成熟度70%～80%时就被采摘，品质很难得到保证，据不完全统计，每年海南菠萝蜜经货车北运到内地果实损耗约15%，影响了水果的品质和售价。中国是越南、泰国菠萝蜜的主要出口国，根据2022年统计的数据，2022年中国进口菠萝蜜21.6万吨，同比增长87%，主要是越南和泰国的红肉菠萝蜜品种，经陆路运输，经广西关口进入。

随着采后处理与加工科技研究工作逐渐受到重视，产区初步具备果肉加工能力，并取得一定的进展。每年5%～10%的菠萝蜜产量经加工企业加工消费，由简单的包装加工，逐步转向鲜果制品果干、果酱、果酒、果脯及饮料加工，形成以终端市场为带动的消费趋势。目前，市场上已有部分菠萝蜜的加工产品，产品有果干、脆片、菠萝蜜糖、薄饼等，但是加工能力和规模有限，工艺技术不高，产品质量中等，产业化程度还需不断提升。相对于大宗热带水果产业来说，在菠萝蜜产业中政府发挥引导作用、完善市场体系、配套财税政策、扶持龙头企业等方面力度不足。菠萝蜜产供销一体化、农工贸一体化等体系还不完善，制约产业健康发展。有必要加大该领域的科技投入，此外，应加大政策对从事热带水果加工企业的支持，在优势区域培育农业产业化重点龙头企业，研究开发新的加工形式和新的精深加工产品，缓解一些地方出现的产销矛盾，提高特色水果的附加值，满足人们不同层次的需求。

>> 第三节　营养成分 <<

菠萝蜜具有很高的经济价值，鲜果可食用，也可进行深加工。其成熟果实含有丰富的碳水化合物、蛋白质、脂肪等营养成分以及多种微量元素（表1-2来自文献，表1-3至表1-5来自香饮所研究结果）。其中钙、镁、锌等对人体有益的微量元素含量丰富，而镉、铅、砷等有害元素含量很低。菠萝蜜还具有药用价值，果肉内含有类胡萝卜素等多种营养物质，可以起到抗氧化、预

表1-2 波萝蜜营养成分分析表（每100克可食用部分含量）

资料来源	取样部位	水分	热量值	碳水化合物	粗蛋白	蛋白质	脂肪	淀粉	纤维	还原糖	含油量	总酸	总矿质	钙 Ca	磷 P	铁 Fe	钾 K	维生素 C	维生素 B$_1$	维生素 B$_2$	维生素 A
		克	千焦	克										毫克							IU
印度	未熟果肉	84	—	9.4	—	2.6	0.3	—	—	—	—	—	0.9	50	97	1.5	246	11	0.25	0.11	0
明加诺	成熟果肉	77.2	352	18.9	—	1.9	0.1	—	1.1	—	—	—	0.8	20	30	500	—	—	30	—	540
	种子	64.5	—	25.8	—	6.6	0.4	—	—	—	—	—	1.2	21	28	—	—	—	—	—	17
海南中心化验室	干苞	—	—	—	—	0.309	—	—	0.43	5.23	—	0.17	—	—	—	—	—	5.39	—	—	—
	干苞种子	—	—	—	2.49	—	—	14.85	—	—	3.48	—	—	—	—	—	—	—	—	—	—
	湿苞	—	—	—	—	0.359	—	—	0.78	3.12	—	0.16	—	—	—	—	—	3.6	—	—	—
	湿苞种子	—	—	—	2.16	—	—	11.12	—	—	9	—	—	—	—	—	—	—	—	—	—
	熟果皮	—	—	—	9.135	—	—	5.56	—	6.7	—	0.09	—	—	—	—	—	—	—	—	—

表1-3 波萝蜜果实中果肉成分表

项目	水分	总糖	蛋白质	脂肪	碳水化合物	灰分	纤维素
含量（%）	73.1	20.5～21.7	1.05～1.72	0.6	23.4	0.5	1.8

表 1-4 菠萝蜜果实综合测定结果

项目	单果鲜重(千克)	单苞重(克)	苞肉厚(厘米)	全果苞数(个)	全果种子重(千克)	可溶性固形物(%)	还原糖(%)	维生素C(毫克/毫升)	总酸(%)	可食部分比例	
										苞肉/全果(%)	(苞肉+种子)/全果(%)
上限含量	14.2	38.0	0.46	302	1.80	22.0	21.64	0.096	0.023	56.0	67.1
下限含量	4.5	14.1	0.16	50	0.30	15.0	6.40	0.013	0.013	30.9	44.7
平均	8.5	26.2	0.28	160	1.01	19.2	12.12	0.017	0.017	40.7	53.3

表 1-5 不同品种/系菠萝蜜常规理化指标测定结果

指标	品种								
	m1	m2	m3	m4	m5	m6	XYS4	xlbd1	xlbd2
水分含量(%)	66.8	72.28	65.86	68.72	74.06	69.37	67.65	69.09	62.36
可溶性固形物含量(Brix)	20.7	23.7	20.7	20.7	20.7	25.2	21.4	24.2	21.7
总糖含量(%)	26.34	25.15	21.88	21.59	19.51	26.42	20.55	16.42	18.51
总酸含量(%)	1.31	1.36	1.28	1.34	0.40	0.88	1.19	1.84	1.75
糖酸比	20.08	18.45	17.09	16.07	47.63	29.91	17.26	8.91	10.55
每100g维生素C含量(毫克)	7.11	6.03	7.93	5.95	8.43	7.27	3.26	7.49	2.47

注：马来西亚1号(m1)、马来西亚2号(m2)、马来西亚3号(m3)、马来西亚4号(m4)、马来西亚5号(m5)、马来西亚6号(m6)、香饮所4号(XYS4)、兴隆本地1号(xlbd1)和兴隆本地2号(xlbd2)。

防衰老和心脑血管疾病的作用；新鲜的菠萝蜜果肉的乙醇萃取液可做PDDH自由基清除剂，对抑制自由基有一定的作用；菠萝蜜果肉的丁烷萃取物可以抑制多种菌群的活性，具有抗菌的作用；此外，菠萝蜜浸出液可以抑制黑色素，水煎剂可以辅助降血糖，其他组织部位的提取物还具有抗炎、抗肿瘤的作用，是一种不可多得的多功能保健水果。

果实的每一部分均可利用，既可作为食品或饮料，又可作为动物饲料等。菠萝蜜除鲜食外，还可制成果汁、果酱、果酒以及蜜饯等食品。最近国内的研究结果表明，用菠萝蜜果实制成的果汁、果酒，其气味香浓，别具风味。若开发该系列产品并投放市场，会受到消费者欢迎。制成的菠萝蜜罐装食品或饮料，既可以延长菠萝蜜的保质期，又可以增加不同类型果品供应市场，满足人们的需求，因而开发潜力很大。在马来西亚东部地区人们常用菠萝蜜来制成美味的"Haiva蜜饯"或将从果肉中蒸馏出来的汁与甜果汁、椰子汁和黄油混合，熬浓至近凝固状冷藏，可保存数月之久。菠萝蜜未充分成熟的果肉可作凉拌菜或像炸马铃薯片那样食用。世界上热带国家有的地区将幼嫩的花或花序用糖浆拌在一起食用。极嫩的幼果则用来煲汤。还有的地方将次劣幼果与虾干、椰子汁和一些调味品拌在一起作为蔬菜。菠萝蜜果皮、肉质花序轴和肉丝（即腱或筋）可作牛的饲料或喂鱼。有的地区利用菠萝蜜树叶作为羊群的重要饲料。菠萝蜜果实残余物或落叶可用来制作堆肥或沤肥。

菠萝蜜种子淀粉含量高于60%，蛋白质含量可达12%，而脂肪含量则低于1.2%，是一种高营养的低脂食品。其中抗性淀粉含量普遍较高，在75%左右，是抗性淀粉的天然来源，适合制备低GI食品和冷冻食品填充剂的天然原料。菠萝蜜种子内还含有大量的粗纤维。粗纤维可以改善胃肠道功能，降低血浆中的胆固醇含量，防治便秘、高脂血症和心血管疾病。此外，菠萝蜜种子还含有丰富的矿物质和糖类，同时含有较多的多酚类物质，植物多酚，可以起到延缓衰老、抑制肿瘤细胞、降糖降脂、清除体内垃圾和毒素的作用。种子或煮或炒或炸，其味似板栗，可代粮食，是一种"木本粮食"果树，是有待开发利用的粮食新资源。根据资料介绍，菠萝蜜种子与肉炖煮，其味鲜美，食用有催乳作用，可用于治疗妇女产后缺乳症。此外，有的地区利用菠萝蜜树叶作为羊群的重要饲料。菠萝蜜木质致密，是优质用材，制作成的家具少受白蚁为害，叶和果皮又是牲口的饲料；从果皮中提取的果胶可制作果冻；树皮中乳液含有树脂。可见，菠萝蜜是有多方面用途的果树。

此外，根据研究人员对菠萝蜜种子淀粉提取工艺研究及其理化性质测定结果，其种子的主要成分有：粗淀粉52%～58%，粗蛋白8%～9.5%，粗脂肪0.86%，水分10%～15%，灰分2.39%，其他15%。可见，菠萝蜜种子含淀粉十分丰富，高达58%（表1-6）。若以单株菠萝蜜每年产干种子15千克折算，则每株年产淀粉8.25千克。种植加工菠萝蜜产生的附加值是显而易见的。从菠萝蜜种子中提取的淀粉，具有较低的热黏度和较强的凝沉性，并且淀粉颗粒圆形或近圆形，表面光滑。利用化学法或酶法对其进行改性，如改善其低温稳定性、保水性、抗老化性，并降低糊化温度等，则菠萝蜜种子不仅仅停留在炒食、煮食或者作饲料用途上，而且可能菠萝蜜种子具有更广阔的应用前景，从而提高菠萝蜜种植业与加工业的社会经济和生态效益。

表1-6 菠萝蜜种子（干样）的化学组成

项目	粗淀粉	粗蛋白	粗脂肪	水分	灰分	其他
含量（%）	52～58	8.0～9.5	0.86	10～15	2.39	15

据测定，菠萝蜜鲜种子水分含量为62%，以干基计算蛋白质12.64%，脂肪1.03%，膳食纤维11.83%，淀粉68.07%，灰分2.74%。菠萝蜜种子的蛋白质含量低于家禽（15%～20%）和鸡蛋（12.8%），但与其他大宗谷物类蛋白质含量（7.5%～12%）相近。菠萝蜜种子脂肪含量低于大豆（18%）、玉米（4.0%）和小米（4.0%）的脂肪含量，与大米和小麦脂肪（1%～2%）相近。菠萝蜜种子膳食纤维显著高于小麦（10.8%）、玉米（4%～6%）、马铃薯（3.51%）、大米（0.80%）。而种子中淀粉显著低于小麦（75.2%）、玉米（76.3%）、马铃薯（85.15%）和大米（88.28%）。菠萝蜜种子富含蛋白质、膳食纤维和淀粉等营养成分。

>> 第四节 应用价值 <<

一、食用价值

菠萝蜜是许多热带国家和地区的粮食和水果。果肉香气浓郁，吃完后不仅口齿留芳，久久不退，嘴馋的小孩子都知道偷吃了菠萝蜜，是瞒不过大人的，因而得名"齿留香"。菠萝蜜果实除了鲜食之外，未成熟的菠萝蜜也可作各种菜肴的配料，特色鲜明，有脆皮菠萝蜜、菠萝蜜炒牛肉、菠萝蜜炒猪肚等（图1-7、图1-8）。菠萝蜜未充分成熟的果肉可作凉拌菜或像炸马铃薯片那样食用。在主产国孟加拉国，菠萝蜜制作而成的各种果酱、果脯、布丁、糕点（图1-9、图1-10），成为当地人们餐桌上的"宠儿"，此外，菠萝蜜种子与藜麦、小麦、大麦等烤熟研磨成粉可作为粮食的替代品，富含蛋白质、氨基酸和多种矿物质，被当地人喻为"超级食物"（图1-11）。

图1-7　脆皮菠萝蜜

图1-8　菠萝蜜炒牛肉

图1-9　菠萝蜜果酱、果脯等系列产品

图1-10　菠萝蜜糕点

图1-11　菠萝蜜种子淀粉制成的超级食物

二、文化价值

随着科技、网络及快递行业的迅速发展，邮票已经慢慢淡出人们的视线，但邮票是一个民族文化印记的特殊载体，承载着国家的历史与文化，展现着一个国家的政治、经济、文化、农业进步和发展的成就。菠萝蜜印在邮票上，以其果实饱满香甜，寓喻人们生活幸福甜如蜜（图1-12）。

菠萝蜜特色鲜明，万宁兴隆印尼归侨林民富先生常以特色水果菠萝蜜为题材绘画（图1-13），发挥了良好的文化传播的作用。

图1-12　菠萝蜜邮票（斐济）　　　图1-13　菠萝蜜油画（林民富/绘）

三、药用价值

果肉中的菠萝蜜多糖（Polysaccharide from jackfruit pulp，JFP-Ps），具有显著的体外抗氧化活性。与此同时，菠萝蜜还有很高的药用价值，《本草纲目》中记载其能止渴解烦、醒脾益气，还有健体益寿的作用。现代医学研究证实，菠萝蜜中含有丰富的糖类、蛋白质、B族维生素（维生素B_1、维生素B_2、维生素B_6）、维生素C、矿物质、脂肪等，具有治疗心血管疾病、改善皮肤状况和治疗胃溃疡等功能保健作用。《中国民族药志要》对其药用功效记载，傈僳族用果实来治疗食欲缺乏、饮酒过度；黎族人称菠萝蜜为"罗蜜"，黎族人喝酒前喜欢吃菠萝蜜，认为这样可以喝三天三夜、千杯不醉。中国热带农业科学院的团队在《本草纲目》中找到了线索，从菠萝蜜中提取有效成分与葛根、乌梅等一起配制成了具有保肝、醒酒功能的海蜜胶囊和海蜜速溶茶，在饮酒前半小时服用，可以激活酶物质，加快酒精在人体内的分解速度，增强人体对酒精的耐受能力。"海蜜速溶茶"被海南人戏称为"醉无忧"。傣族人民用菠萝蜜幼果调节产妇乳汁不足。

四、木材用途

菠萝蜜树干粗壮挺拔，材质细密、色泽鲜黄、纹理美观，被归为中等硬木，类似于红木，是制作精致高档家具的优质木材，心材仅次于印度紫檀或柚木。树龄愈大，材质愈坚硬，堪称"老当益壮"，在我国菠萝蜜木材常被称为"菠萝格"，木材颜色会随着时间的推移从黄色或橙色慢慢转变成深棕红色，对真菌、细菌和白蚁的天然耐久性非常高，是房屋栋梁、立柱、门窗、墙板、地板、日常家具、民间雕塑等的首选优质木材（图1-14、图1-15）；在海南农村用菠萝蜜木材建造的房子是家庭富贵的象征，当地至今仍有很多明清时期的菠萝格木材制作的旧房屋、旧家具，油漆之后完好如初；海南羊山地区，传统婚配时，男方必备菠萝格做成的婚房，女方准备的嫁妆则是一套菠萝格家具。海南自古就有"百年胭脂木，千年菠萝蜜"的传颂。在印度，菠萝蜜树体是重要的木材来源，也是印度出口欧洲的重要木材。在印度尼西亚，菠萝蜜木材被用于建造酋长的宫殿；在中南半岛，它常用于建造寺庙。菠萝蜜木材的市场需求

图1-14　菠萝蜜木材房屋栋梁

图1-15　菠萝蜜木材家具

量很大，在许多亚洲国家仅次于柚木。菠萝蜜木材含有56%的纤维素、28.7%的木质素和18.64%的戊聚糖。此外，木屑可做黄色染料（图1-16），也可用于袈裟染色。印度人民利用菠萝蜜树对二氧化碳、氯气、氟化氢等有害性气体的吸收强至中等的特性，把它作为城市行道两旁、厂矿车间四周以及庭园种植的防污染环保树种之一。

图1-16　菠萝蜜木屑可做黄色染料

五、饲用价值

　　菠萝蜜四季常绿，叶量大，牛、羊、鹿喜食其叶。牛喜食其成熟的果皮。菠萝蜜的化学成分如表1-7。菠萝蜜树叶富含钙和钠元素，树叶、果皮、果腱等废弃物可直接作为或粗加工成饲料，与米糠混合是反刍类动物的优质青饲料（图1-17）。羊群在食用菠萝蜜树叶与黑麦麸混合的饲料后消化率提高。菠萝蜜树叶与大叶千斤拔混合饲料能提高羊群的食用量。

表1-7　菠萝蜜新鲜叶片的化学成分（%）

样品情况	干物质	占干物质					钙	磷
		粗蛋白	粗脂肪	粗纤维	无氮浸出物	粗灰分		
新鲜叶片	24.2	16.97	2.67	26.64	45.03	8.69	1.31	0.32

图1-17 菠萝蜜枝叶喂羊

六、树液用途

树液不仅可治溃疡，树液中的胶乳含有71.8%的树脂（其中63.3%是黄色的，8.5%是白色的），在清漆中很有价值。胶乳可用来修补陶器和其他器皿，如船只上的漏洞。在印度和巴西，这种胶乳已经被用作橡胶的替代品。

七、乡村主题特色旅游元素

随着菠萝蜜产业的发展，各地都在根据当地的自然资源条件、社会经济情况和国内外市场的需求，抓住新阶段农业结构战略性调整机遇，培育特色明显、竞争力强的水果村、镇、县，形成"水果之乡"等特色。越来越多的村镇通过创建菠萝蜜示范产业基地，形成以菠萝蜜为主题的休闲农业旅游与科普农业相结合的经营业态，将菠萝蜜与省区生态旅游资源结合，打造菠萝蜜视觉、听觉、嗅觉、味觉、触觉等多方面的观感体验，配置专门的讲解员为游客介绍菠萝蜜的引种历史、功能以及有趣的故事，设立专门的菠萝蜜留影区或造型、雕塑（图1-18、图1-19）、采摘区和品尝区，推出加工菠萝蜜果汁饮品、菠萝蜜菜肴或销售果干、果酒等深加工食品，以趣味性、知识性、观赏性来吸引游客，不仅提高了当地农民的收入，同时满足了人们对特色水果多样化的需求。

图1-18　菠萝蜜造型

图1-19　菠萝蜜造型

印度也时常推出以菠萝蜜文化为主题的"菠萝蜜节日",推广菠萝蜜的各式各样小吃、旅游产品等。

广东湛江市赤坎区的幸福路,有一条"菠萝蜜街"。20世纪80年代后期改革开放没多久,古老商埠上精明的赤坎人就在幸福路卖开了湛江的独特水果菠萝蜜,至今已有30多年的历史。由于是"专一"的特色水果街,古老窄小的幸福路迎来送往过不少世界各地的宾客。菠萝蜜街的特色在于在这里可以看到湛江盛产岭南佳果的文化缩影。此外,广西崇左市、云南德宏芒市、海南省陵水县均有采用菠萝蜜树作为行道树的习惯(图1-20、图1-21)。云南盈江县菠

图1-20 海南陵水菠萝蜜行道树

图1-21 云南德宏州芒市菠萝蜜行道树

萝蜜第一村——盈江县拉劳自然村一直有种植菠萝蜜的习惯,村里道路两旁,田间地头,菠萝蜜郁郁葱葱,硕大的果实挂满枝头。有的菠萝蜜树已经有200多年的树龄,菠萝蜜文化氛围浓郁,种植产业也是当地的特色项目,形成了村里的支柱产业(图1-22)。

图1-22 云南盈江县拉劳自然村菠萝蜜百年古树

2019年，湛江第四届茂德公菠萝蜜文化旅游节在雷州茂德公鼓城隆重举行，为期15天。茂德公鼓城度假区是雷州唯一的国家4A级旅游景区，是雷州文化体验休闲游核心项目。菠萝蜜节也因此成为了雷州的城市名片之一。活动有菠萝蜜电音节、菠萝蜜市集、"以'歌'之名，赴'蜜'之约游唱侠征集"、情定菠萝蜜打卡点等16项活动，内容丰富多彩。举办菠萝蜜文化旅游节，就是本着以菠萝蜜为媒，以节会友，以节为扬，以节厚文，邀大家一起体验"游鼓城、品美食、享民俗、感风情"的民俗文化魅力。

广东阳东被命名为"中国菠萝蜜之乡"，菠萝蜜最大的树龄300多年，常见百年老树。菠萝蜜深受当地群众喜爱，近年来，阳东把发展菠萝蜜种植作为增加农民收入的重要举措来抓，从政策、资金、技术、信息和流通等多方面进行重点扶持，使菠萝蜜种植面积逐年增长。目前，菠萝蜜遍布每个村镇，形成了以红丰、塘坪、北惯、新洲、那龙等镇为主的连片菠萝蜜种植基地。

广西博白县沙河镇是一个菠萝蜜产出大镇，当地有着上百年菠萝蜜种植历史，现村民种的菠萝蜜多有四季开花结果的特性，而且果肉金黄，香郁清甜，入口滑脆，很受消费者青睐。现在博白县把菠萝蜜作为精准扶贫的重点产业来发展，利用新品种、新技术、新业态、新模式改造提升菠萝蜜传统产业，开启甜蜜事业致富门。

海口市秀英区美目村是当地文明生态村，村里菠萝蜜文化氛围浓厚，是一个不折不扣的菠萝蜜村庄。据村民介绍，美目村目前种植菠萝蜜树300多亩，2万多株，仅百年以上的老树就有100多株。村里屋前屋后种满了菠萝蜜、黄皮、荔枝等热带树木，每逢盛夏，菠萝蜜果挂满树干，香飘四溢，让人垂涎不已，时常能看到当地人在道路边摆卖形态各异的果实，香香甜甜的菠萝蜜也让美目村人的生活越来越甜蜜。

菠萝蜜是梵语的音译，意为"通向幸福彼岸"，又因其皮下果粒多，有"多子多福"的美好寓意，因此，南方很多省份的喜宴中，菠萝蜜就是道必点菜，它被视为甜蜜、幸福的象征。

>> 第五节　国内外研究进展 <<

一、资源品种及种苗繁育技术方面

国外开展菠萝蜜的选育种研究相对较早。国际植物遗传资源研究所（IPGRI）在2000年发布了菠萝蜜种质资源性状描述符。近年来，马来西亚、泰国、印度尼西亚和印度等主产国自主选育出多个菠萝蜜优良品种，如印度的NJT1、NJT2等，马来西亚的J-30、J-31和NS1，泰国的Chompa Gob、Dang Rasimi和Leung Bang，菲律宾的EVIARC Sweet，孟加拉国的BARI Kantha，印度尼西亚的Bali beauty、Tabouey和澳大利亚的Cheena、Black Old等。2007年，印度泰米尔纳德农业大学（TNAU）研发出的菠萝蜜品种PLR（J）2味美、质优，是增加当地农民收入的主要品种资源。

我国菠萝蜜栽培有上千年的历史，种质资源丰富。近年来，叶春海、范鸿雁、谭乐和等学者也对我国菠萝蜜产区资源进行调查研究，收集保存了一批优异资源，建有菠萝蜜种质资源圃、国家热带植物种质资源库木本粮食种质资源分库等资源保存平台。中国热带农业科学院香料饮料研究所（以下简称"香饮所"）制定了《植物新品种特异性、一致性和稳定性测试指南 木菠萝》《热带作物品种审定规范 第11部分：木菠萝》《热带作物品种试验技术规程 第13部分：木菠萝》等农业行业标准，为新品种选育及品种保护起到积极的推动作用。陆续推出选育的优良品种主要包括，广东省茂名市水果科学研究所选育的常有菠萝蜜，高州华丰无公害果场引进选育的四季菠萝蜜，广东海洋大学选育的海大1号、海大2号、海大3号菠萝蜜等优良品种，海南省农业科学院选育的琼引1号、琼引8号，香饮所选育的香蜜17号菠萝蜜等，为该产业可持续发展提供了品种支持，也为热作产业发展增加了新的名优种类。

近十多年来，科研工作者不断通过嫁接、扦插与组织培养等技术方法进行菠萝蜜、尖蜜拉和面包果的繁殖技术研究，并取得进展。在菠萝蜜种苗繁育方面，陈广全等熟化了菠萝蜜嫁接繁育技术，陆玉英等突破了菠萝蜜一叶一芽绿枝扦插繁育技术，香饮所科研团队研究制定了农业行业标准《木菠萝 种苗》（NY/T 1473—2007），为我国菠萝蜜种苗标准化生产、育繁推一体化提供了成熟配套的技术支撑。

二、高效栽培及病虫害防控方面

国内外在栽培模式、修剪、促花、疏果、采收等方面研究提出了科学的管理措施；一些种植园尝试进行菠萝蜜园间种香蕉、菠萝、番木瓜、花生、姜黄等生育期较短的作物。在菲律宾，菠萝蜜可与椰子间作，也可与榴莲、芒果及柑橘类果树间作。研究表明菠萝蜜与其他作物混作能显著提高根际固氮酶活性。香饮所科研团队初步形成了果后修剪+水肥调控的菠萝蜜花期调节技术。

在营养特性和施肥技术方面也取得进展。国外学者对部分菠萝蜜栽培区进行了施肥管理调查，发现只有少部分的种植户在菠萝蜜栽培过程中施用有机肥，仅占调查对象的20%左右，且多采取一次性施用70～80千克/株的牛粪，其余的种植户没有明确的施肥管理经验。施用蝙蝠粪肥显著增加了菠萝蜜的生长量。当硼肥施用量为15克/株时，能显著减少菠萝蜜畸形果的数量。美国佛罗里达州菠萝蜜的参考施肥量介绍了一年生幼树可每两个月施复合肥（6-6-6）110～220克/次，施用量逐年增加，同时叶面补施微量元素。国内学者研究提出，菠萝蜜幼树定植后"一梢二肥"（促梢肥和壮梢肥），促梢肥施用尿素20克，壮梢肥施用复合肥20克和硫酸钾15克，并逐年增加施肥量。也有学者提出，一年生菠萝蜜幼树应采用"一梢一肥"（攻梢肥），每次施用尿素50～70克，沟施绿肥和过磷酸钙0.5千克；二年生幼树施用尿素100克，沟施绿肥和过磷酸钙0.5千克，并逐年增加施肥量。香饮所科研团队研究高产果园土壤、叶片养分特征，制定出叶片营养诊断技术，初步形成了菠萝蜜从幼龄期到盛产期的施肥方法；开展了有机无机肥配施对菠萝蜜促生增产研究，揭示了增施有机肥驱动有益生物互作实现土壤生态系统功能调控的作用机制，获授权国家发明专利"一种菠萝蜜全生育期采用的肥料和施肥方法""一种含有益微生物的速生型菠萝蜜苗生物基质及育苗方法"等10余项；制定了农业行业标准《菠萝蜜栽培技术规程》，"菠萝蜜高效栽培技术"入选2022年海南省农业主推技术；主编的《菠萝蜜品种资源与栽培利用》《菠萝蜜高效生产技术》《菠萝蜜栽培技术》《菠萝蜜种植与加工技术》等著作，较为系统地总结了菠萝蜜栽培管理，技术性和实用操作性强，对指导我国菠萝蜜科学高效栽培起到了积极推动作用。

目前，菠萝蜜病虫害一般零星发生，国内外关于菠萝蜜病虫害防治的报道较少。国外已报道的危害菠萝蜜的病害20多种、虫害35种。其中最主要的病害是由壳针孢属病菌引起的叶斑病、棕榈疫霉病、锈病等。近5年来，海南省农业科学院范鸿雁、香饮所孟倩倩、高圣风等研究调查发现，目前危害我国菠萝蜜的主要病害包括锈病、裂皮病、蒂腐病、花果软腐病等；主要虫害包括榕八星天牛、黄翅绢野螟等；此外，发现危害菠萝蜜的新病害和新虫害，分别是由帚梗柱孢霉引起的菠萝蜜果腐病和对菠萝蜜叶片、嫩梢造成严重危害的素背肘隆螽。病虫害发生严重时，果实受害率达30%～40%。在此基础上，热科院香饮所的科研人员针对病虫害发生规律和流行趋势，做到定期监测及时发现并清除病虫源，并制定农业行业标准《热带作物主要病虫害防治技术规程 木菠萝》，编制海南省地方标准《菠萝蜜主要病虫害防治技术规程》《菠萝蜜主要病虫害绿色防控技术规程》，为主要病虫害标准化防控、丰产稳产提供了技术支持。

目前海南、广东等地的菠萝蜜生产基地虽已出现部分集中成片栽培，但仍存在主要病虫害生态型防控技术落后等现状，主要以农业防治和化学防治为主，缺乏有效的绿色综合防控技术，防治技术落后。另外，由于对主要病虫害生物学习性不清，发生规律不明，缺乏系统研究，在化学药剂使用上频用、滥用，易造成病虫害抗药性发展较快，环境污染严重、杀死天敌等有益生物等问题。同时，由于缺乏能正确指导种植户科学栽培的技术人员，菠萝蜜生产技术服务的供给能力与种植户的需求差距较大，种植户接受技术培训远远不够，生产相对滞后于科研。

三、果实精深加工及综合利用方面

近年来，随着菠萝蜜产业的发展，越来越多的研究者将目光聚集到菠萝蜜的果实上，主要研究集中在菠萝蜜果皮、果肉及种子的利用上。果皮约占菠萝蜜总质量的42%，其中含有丰富的多酚，且具有较强的降低血糖、抗氧化等生物活性。除了多酚外，果皮中的黄酮也同样受到研究者的关注。菠萝蜜果皮作为下脚料，如果得不到很好利用，既污染环境也会额外增加企业处理垃圾的费用。有研究表明，菠萝蜜果肉含糖量为79.12%，蛋白质为5.83%，糖醛酸为15.65%，含15种氨基酸。此外，菠萝蜜具有较强的DPPH自由基和OH自由基清除活性，由此可见，菠萝蜜果肉可以作为医疗和食品工业中有效的天然抗氧化剂。菠萝蜜的种子除了含有少量蛋白质和脂肪外，还富含淀粉，因此吸引了很多淀粉研究学者。菠萝蜜种子淀粉的提取、特性分析的报道也越来越多。研究学者确定了中性蛋白酶（Protex-7L）法为菠萝蜜种子淀粉的最佳提取方法，提取率可以达到70.55%。随着研究的深入，高淀粉含量的菠萝蜜种子，必将得到淀粉加工行业的关注，作为一种淀粉，尤其是一种直链淀粉的优质来源，在食品加工业必将有着广阔的研究和应用前景。

采后处理与加工科学研究工作的深入带动了不少企业对果肉加工能力的提升，并取得一定的进展。每年10%左右的菠萝蜜产量经企业加工，由简易的包装加工，逐步转向鲜果制品果干、果酱、果酒、果脯及饮料精深加工，形成以终端市场为带动的消费趋势。目前市场上已有部分菠萝蜜的加工产品，主要集中在海南、广东食品加工企业，产品有果干、脆片、菠萝蜜糖、薄饼、果酒、饮料等。香饮所在菠萝蜜产品技术研发方面延伸了产业链，获授权发明专利《一种菠萝蜜糖果的制作方法》《一种菠萝蜜果酱及其制作方法》等10余项；开发了菠萝蜜系列产品，提高了产品附加值；在菠萝蜜果肉多糖、种子淀粉的结构、加工特性与功能活性评价等方面开展研究并取得重要进展，填补了国内外菠萝蜜在多糖和淀粉研究领域的多项空白，其中菠萝蜜多糖调节肠道微生物和种子淀粉的消化特性与结构的相互关系是国际前沿研究，为下一步深度开发利用功能性产品奠定了理论基础。

近年来，一些科研工作者也不断进行品种培育、生产技术和加工利用等菠萝蜜全产业链关键技术研究，取得系列研究成果。由香饮所主编的《菠萝蜜高效生产技术》《菠萝蜜种植与加工技术》《菠萝蜜 面包果 尖蜜拉栽培与加工》《菠萝蜜品种资源与栽培利用》全面系统地总结了菠萝蜜加工技术等，实用操作性强，对指导我国热带果树菠萝蜜的产业化发展具有重要意义。科技成果"菠萝蜜产业配套加工关键技术及系列新产品研发"荣获2016年海南省科学技术进步二等奖，"菠萝蜜高值化加工关键技术创制及产业化应用"荣获2023年海南省科学技术进步一等奖，为当前菠萝蜜规范化生产、标准化加工提供最新的成熟配套技术支撑，提高产品科技含量与附加值，延伸产业链，对发展海南特色旅游和特色产品大有裨益，对促进热区农业增效具有重要意义，对我国乃至世界热区菠萝蜜产业起到辐射带动作用。

>> 第六节 发展前景 <<

菠萝蜜果实营养丰富，全果均可利用。果肉占总重量的1/3，除鲜食外，可制作果脯、脆片、果汁、果酱以及果酒等，其加工价值远胜于鲜食；未熟果肉可用作菜肴配料；种子约占总重量的10%，可煮食，磨粉后可以制成面包，可提取淀粉，也可作为粮食代用品，是有待开发利用的热带木本粮食新资源；种子富含碳水化合物（干基含量高达77.76%）、蛋白质、脂肪和膳食纤维等，其中直链淀粉含量丰富，具有良好的营养学特性及潜在应用价值，是开发功能性食品的天然原料之一，开发潜力大。因此，菠萝蜜具有开发利用范围广、综合效益价值高等优点。

菠萝蜜原产于热带，喜温暖、湿润的环境，对土壤要求不严，种植管理较粗放，是低投资、效益好的热带果树。在国外菠萝蜜多数种植在热带地区，海拔500米以下的低地。在国内，年平均温度高于0℃、偶尔有轻霜的地方均可栽培；我国广东、广西、海南、云南、福建、台湾和四川南部的热带、南亚热带地区均有种植，海南种植最多，海南光照时间长，热量丰富，雨量充沛，具有得天独厚的种植菠萝蜜的天然环境。一般种植菠萝蜜，3～5年就开始收获（菠萝蜜芽接苗2年左右就有收获，5年后进入盛产期），按年产菠萝蜜果实30吨/公顷、销售价格4元/千克计，平均每公顷年产值达12万元。菠萝蜜作为特色热带作物，经济效益较高，是提高热区农民生活水平、脱贫致富的优势果树，也是有待开发利用的热带木本粮食作物，可为广大农民致富开辟一条新途径、好渠道，社会、经济与生态意义重大。

随着人们生活水平逐渐提高，人们对各种"名、优、稀、特"果品的需求也与日俱增，目前菠萝蜜在欧美、日本等发达国家和我国及东南亚等发展中国家的主要市场都有销售，年销售量呈逐年递增趋势，原料及产品供不应求，因其收获季节相对集中，且市场大都以鲜果形式销售，在非收获季处于市场极其紧缺状态。而且随着科技进步与经济的不断发展，菠萝蜜产品已被消费者广泛认可，产品供不应求。国内系统研发与应用菠萝蜜产地加工技术，有利于打破菠萝蜜产业鲜果销售格局，丰富产品种类，提高产品科技含量与附加值，提高市场竞争力，有利于促进菠萝蜜产业升级与热带农业产业结构调整，有利于促进我国菠萝蜜种植业与加工业发展，对带动相关行业进步以及促进世界菠萝蜜产业发展均具有重要作用。但是与此相关的加工厂却很少。因此，在种植规模扩大时，迫切需要成熟的加工业配合。若建立规模化、标准化的加工厂，对菠萝蜜进行加工销售，其经济效益要比直接销售鲜果高得多。而且，经过加工的菠萝蜜携带方便、保存期长、清洁卫生，有利于提高产品档次和市场竞争力，并有利于调剂全国水果市场，发展特色果业，提高菠萝蜜种植业与加工业的社会、经济和生态效益，促进地方农业和农村经济的发展。菠萝蜜将成为我国热带水果产业和出口贸易的重要果品。因此，发展菠萝蜜生产利国利民。

在我国发展菠萝蜜产业，以下工作值得引起各方重视，并认真地进行策划与研究。

1. 加强本土优良品种选育

目前，我国菠萝蜜栽培品种繁杂，品质差异悬殊。菠萝蜜采用实生种子繁殖，会导致后代出现遗传性混杂。为解决这个问题，开展菠萝蜜优良品种选育研究和引进优良品种的工作势在必行。选育优良无性系进行无性系繁殖推广。虽然近些年来海南、广东湛江等地从马来西亚、泰国等热带国家引种多个优良种质，已在生产上种植，经济效益良好。但还应加强选育研究工作，特别要重视选育具有自主知识产权的主导品种，而且在选育研究过程中应着重考虑菠萝蜜果实大小、果实产期的调节，并选育适宜鲜食或加工用途的品种等。

2. 建立优良种苗繁育基地

确保种苗质量，提供优质种苗是当前和今后发展菠萝蜜种植业的需要。可以避免目前品种杂乱、种苗良莠不齐而影响菠萝蜜栽种后的经济效益。因此有必要建立省内若干个专业化的菠萝蜜苗圃基地，统一提供优质种苗，包括引进优良新品种的种苗，这对海南菠萝蜜稳定发展将具有十分重要的意义。由香饮所研究制定的农业行业标准《木菠萝　种苗》，规定了菠萝蜜种苗的各项质量指标和相应检测规则，为我国菠萝蜜种苗标准化生产提供依据，规范全国菠萝蜜种苗市场，打击伪劣种苗，有效地杜绝伪劣种苗流入市场，以优质种苗服务于热带高效农业。

3. 开展高效栽培配套技术研发与推广

目前海南、广东等地的菠萝蜜商品生产基地虽已集中成片栽培，但普遍存在管理粗放、技术不配套、产量不稳定等现状，系统研发高效栽培配套技术，包括规范栽培技术、高效施肥技术以及病虫害绿色防治技术。对研究制定的农业行业标准《木菠萝栽培技术规程》《热带作物主要病虫害防治技术规范　木菠萝》要大力推广应用，做到既要提高果实产量，又要保证果实品质。

4. 建立专门果品收购点，组织果品出口

目前海南菠萝蜜果实收购以个体商贩为主体。他们往往以市场销路好坏作为论价依据。如果果品畅销，收购价格就高些，反之就压价，种植者的利益得不到有效保障。在大面积栽种、大面积收获之际，有关政府职能部门协调或专业公司在省内设立多个果品收购点，以契约形式订购菠萝蜜果实，并建立产、供、销系统，或农户＋公司的做法，保证成熟果实及时采收、及时运输以及及时销售，避免果多价低伤农，并及时为省内相应的果品加工厂组织果品货源进厂。在解决和提高菠萝蜜果实保鲜技术后，组织货源销售全国内更远的大城市以及港澳和国际市场。发展创汇农业，利于热带农业和农村经济持续稳定和健康发展。

5. 开展系列产品研制，建立相关加工厂

在国外种植生产菠萝蜜的国家和地区，菠萝蜜果实除可鲜食外，还可做成果汁、果酱、果酒以及蜜饯等食品。在国内加工菠萝蜜系列产品较少，大多数处在研发中试阶段，目前市场上仅有菠萝蜜干（脆片）等少数品种的产品销售。

6. 开展菠萝蜜种子淀粉深度研究与应用

菠萝蜜种子淀粉具有直链淀粉含量高、成膜性好、黏度适中的特点，产品质量符合国家工业淀粉质量标准；菠萝蜜种子淀粉加工工艺简单，对设备要求不高、淀粉精制容易，适合于中小规模企业生产。用菠萝蜜种子生产副产品——淀粉，对开辟粮食新资源、促进菠萝蜜种植业的发展具有重要意义。但是，目前菠萝蜜种子淀粉与木薯淀粉相比，应用性不佳。若对其进行深入研究，利用化学或酶法改性，改善其低温稳定性、保水性、抗老化性及降低糊化温度等，加强种子淀粉提取及应用研究，使菠萝蜜种子淀粉具有更广阔的应用前景，并大大提高产品附加值，对发展热带地区特色产业和特色产品大有裨益。

7. 加强品牌培育，做优做强当地菠萝蜜品牌

树立"以特色塑造品牌，以标准做大品牌"的品牌意识，鼓励和引导品牌主体加快商标注册、专利申请、标准制订、"三品一标"认证等，建立健全菠萝蜜品牌培育、管理、运用和保护的机制体制，促进我国菠萝蜜产业绿色化、优质化、特色化、品牌化发展。

菠萝蜜生物学特性

菠萝蜜为桑科菠萝蜜属常绿果树，自然生长高度可达10～15米，树冠圆头形或圆锥形，生产中常修剪矮化控制在5米高左右。一般植后3～4年便可收获，5～6年进入盛果期。菠萝蜜属热带、亚热带植物，高温多雨的环境有利于植株生长和果实发育。了解菠萝蜜的主要生物学特性，有助于制定相应的栽培管理措施，促进果树健康生产。

>> 第一节　形态特征 <<

一、植株

菠萝蜜是一种多年生的典型热带果树。树龄可长达几十年。菠萝蜜树形容易识别，树形大、树干可高达25米，通常高10～15米。幼龄树皮光滑，呈灰白色，成年树皮灰褐色。在高湿荫蔽环境下树干易滋生青苔，使树干看起来像披了一件绿衣。菠萝蜜小枝条圆柱形，嫩枝有短茸毛，成熟枝光滑，有许多皮孔和环状的斑痕。枝条质脆，不抗风。幼树折断或切断主干后能萌发强大的侧枝，构成矮化圆形的树冠。菠萝蜜树有强大的中央主干，多树权，低分枝，树干直径可达80厘米，树叶繁茂，是我国南方优良的庭院果树品种之一（图2-1）。

二、根系

菠萝蜜树干大、挺拔，主要靠强大的根系支撑。生产上菠萝蜜多采用嫁接培育优良品种种苗。砧木为实生苗，根系为实生根系，主要由主根、侧根和须根组成，主根明显，生长快，一般垂直插入土壤，成为早期吸收水肥和固着的器官（图2-2）。侧根是在主根上面着生的各级较粗大的水平分枝。侧根与主根有一定角度，沿地表方向生长。侧根与主根共同承担固着、吸收和储藏等

图2-1　菠萝蜜庭院经济

图2-2　菠萝蜜根系

功能。主根和侧根统称骨干根。须根为在侧根上形成的较细的根系。菠萝蜜的须根初期为淡黄色后转变成红褐色。须根的先端为根毛，是直接从土壤中吸收水分和养分的器官。须根是根系最活跃的部位。因此，菠萝蜜可以种植在水位较低的地方。老树常有板根，裸露地表的侧根、主根上有时也能萌生花序并结果。

三、叶

菠萝蜜叶片属单生叶，互生交叉重叠。叶革质，椭圆形或倒卵形，长7～15厘米，宽3～7厘米。先端尖、基部楔形。叶全缘。叶面和叶背的颜色略不同。叶表面光滑，绿色或浓绿色；叶背面粗糙，叶色淡绿（图2-3）。幼树及萌枝的叶常1～3裂，无毛。侧脉6～8对。叶柄长1～3厘米，披平伏柔毛或无毛。叶柄槽深或浅。幼芽有盾状托叶包裹，托叶脱落后，在枝条上留下环状的托叶痕。

图2-3　菠萝蜜叶片

四、花

菠萝蜜花序着生树干或枝条上，雌雄同株异花。

雄花序顶生或腋生，棒状，细而长，长5～7厘米，直径2.5厘米（图2-4）。在棒状花序轴上四周长满密集的雄花。雄花很小，长不及3毫米，其结构简单，只有2片合生的花被和1枚雄蕊（图2-5）。开花时，花丝伸长将白色花药推出花序的外围，花药椭圆形。花很小，淡黄绿色，散发出淡淡的甜香

图2-4 雄花序小花开放状态

味，吸引传粉昆虫。如果不留意，觉察不出它在开花。花粉粒呈近球形，极轴长 14.13 ± 1.02 微米，赤道轴长 15.40 ± 0.25 微米，P/E 为 0.92。赤道面观与极面观均为近圆形。外壁表面具清晰的大小不一的刺状纹饰，分布不均匀，萌发区向内凹陷（图 2-6）。

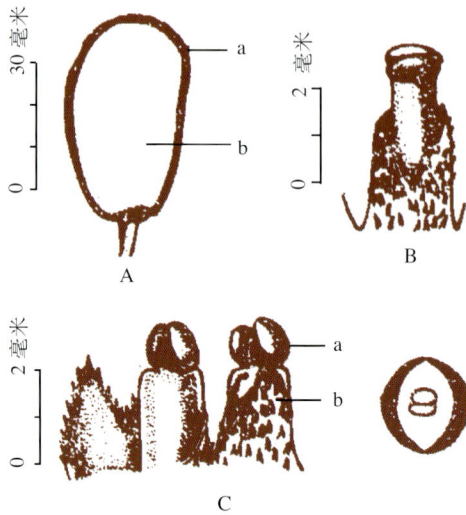

图 2-5　雄花序结构图

A.雄花序纵剖面　a.雄花　b.花序轴
B、C.雄花　a.雄蕊　b.花被

图 2-6　扫描电镜下的花粉微观结构

　　雌花序生于主干或主枝上，偶有从近地表面的侧根上长出，也呈棒状（图 2-7），雌花序柄比雄花序柄粗，且个头比雄花序略大（图 2-8）。幼小的雌

图2-7 雌花序小花开放状态

图2-8 雌雄花序对比

左：雄花序 右：雌花序

花序深藏在佛焰苞托叶内。雌花也很小、管状，数千朵雌花聚生于肉质的雌花序轴上。雌花的花被绿色、坚硬，多角形，花被合生成管状。各枚花被管的下半部彼此合生，子房包藏于花被管的基部，很小，卵形，一室，内有一顶生胚珠；花柱细长，开花时穿过花被管伸到花序的外围（图2-9）。雌花序开放后，一般在4～6天伸出有大量的柱头，柱头的活性持续1～2天，雌花开放时也会散发出与雄花序类似的香气，通常一个雌花序有上千朵小雌花，多的有5 000～6 000朵，有些菠萝蜜品种雌花开放相对集中，有些品种雌花分批开放，而能授精发育成为果苞的数量为150～300朵，成果授粉率10%左右。

五、果实与种子

菠萝蜜开花后4～5个月，果实才会成熟。菠萝蜜经风媒或虫媒授粉后，子房和花被迅速增大，形成果实。菠萝蜜果实是由整个花序发育而成的聚花果

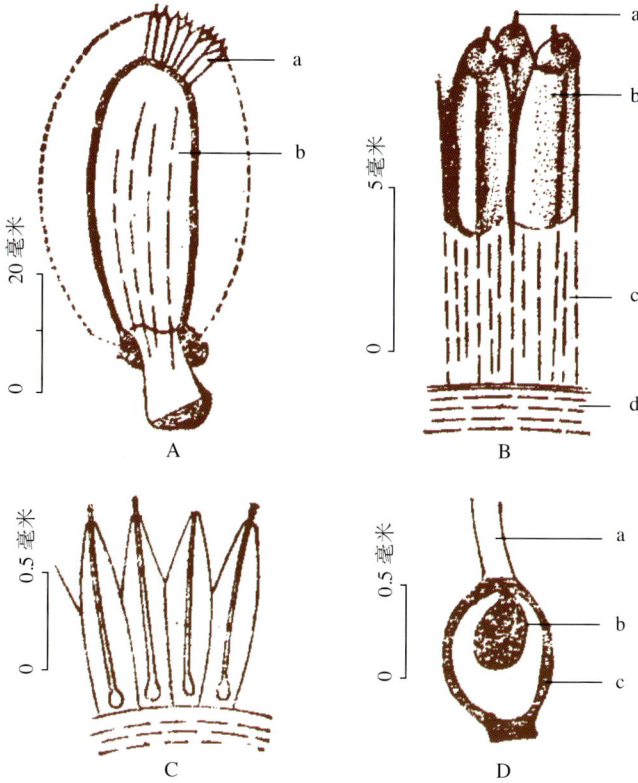

图2-9　雌花序结构图

A.雌花序纵剖面　a.雌花　b.花序轴
B.雌花　a.花柱　b.花被管　c.花被管合生部分　d.花序轴
C.雌花剖面，指示花被管和雌蕊
D.雌蕊（部分）　a.花柱（部分）　b.胚珠　c.子房

（复合果），椭圆形。一般果实长25～50厘米，横径25～50厘米，平均果重10～20千克，最大的可达40千克以上。果实表面有无数六角形的锥状突起，形似牛胃，所以在云南、四川等地称之为"牛肚子果"。又因其外形似菠萝，且长在树上，故又称之为木菠萝、树菠萝或大树菠萝。

　　菠萝蜜果实中间有肥厚肉质的花序轴，四周长满许多椭圆果苞和无数的白色扁长带片（图2-10）。果苞多为鲜黄色，偶有橙红色或黄白色，这与菠萝蜜果实中的类胡萝卜素种类和含量密切相关（图2-11）。受精的花发育成果苞（为食用部分）。当子房增大时，子房外面的花被变成肥厚的肉质，而那些扁长带片就是未受精或受精不完全的雌花被，也称为腱、筋或丝。果苞与带片相间而生。整个聚花果的外皮厚约1厘米，是由各枚花被管原生部位发育成的。外果皮上每一个六角形突起即为一朵花的范围。

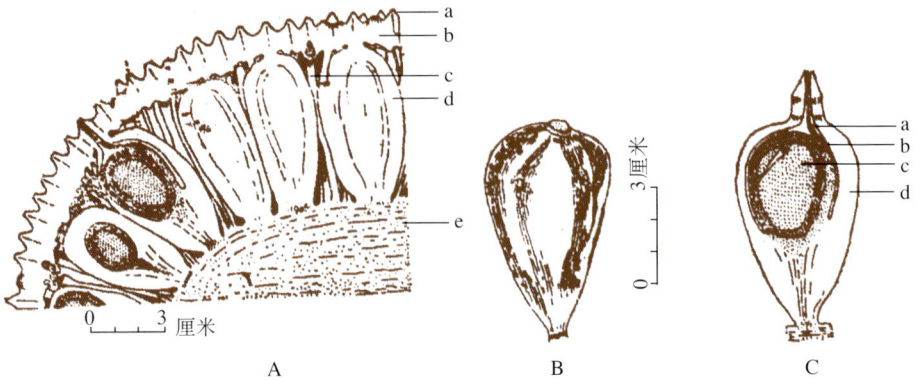

图2-10 菠萝蜜果实结构

A.聚花果部分剖面 a.六角形凸起 b.外皮 c.扁长形带片（不育花） d.果苞（结实花） e.花序轴

B.果苞

C.果苞剖面 a.花柱 b.果皮 c.种子 d.花被

A.黄苞　　　　　　　　　　　　　　　　B.红苞

图2-11 果苞颜色

　　我们食用的菠萝蜜果肉，实际是它的雌花花被。每一个果苞（瘦果）中含有一粒种子，扁圆而尖，多为肾形，也有圆筒形或圆锥形，这些特征也可以作为鉴别不同品种的依据。子房壁发育成瘦果的果皮，包裹着种子。

　　种子的种脐和孔侧生，无胚乳。种皮有两层。外种皮呈膜状白色，湿苞菠萝蜜外种皮软，不易与种子分离。内种皮呈黄褐色或浅棕黄色，有不规则纹脉。子叶2片，一般一大一小，少有等分者（图2-12）。子叶肥厚，富含淀粉。平均单粒种子鲜重为6.0～10.0克。菠萝蜜种子绝大多数为单胚，仅个别为多胚。

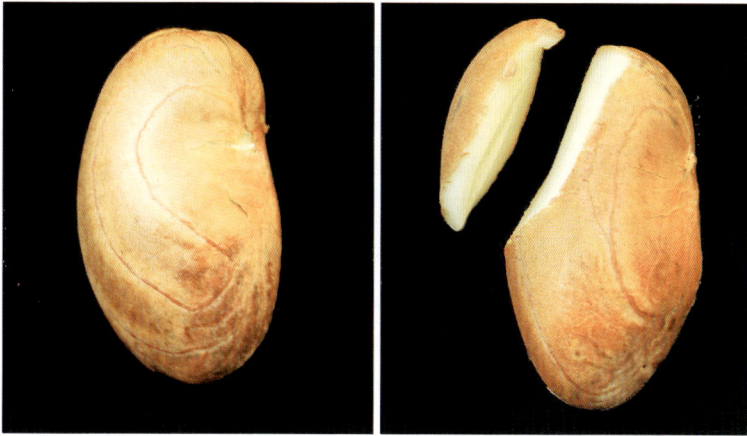

A.种子外形　　　　　　　　B.两片子叶剥离时的种子

图2-12　种子

>> 第二节　开花传粉与结果习性 <<

　　菠萝蜜雄花开放时，伸长的花丝将花药推出花序外围，在授粉昆虫（瘿蚊、果蝇）或风的作用下传粉到雌花花柱上，雌花柱头活性保持1～2天，完成授粉受精。

　　菠萝蜜的主要传粉者为一种瘿蚊，属双翅目长角亚目瘿蚊科，体型较小，身体纤弱，为长角亚目（蚊类）昆虫中个头较小的类群之一，瘿蚊由于幼虫在植物叶子上取食，形成虫瘿，故名瘿蚊。这种瘿蚊受到菠萝蜜花序散发出的香气的吸引，会在雌雄花之间来回拜访，从而将花粉带到柱头上，完成传粉。研究发现，菠萝蜜依靠气味吸引瘿蚊，但雌花和雄花的气味几乎一致。然而，雌花不具备食物回报，相当于菠萝蜜利用一种欺骗手段，将传粉的瘿蚊诱骗到雌花之上。不过，雄花序给瘿蚊带来回报，传粉后期，雄花序开始感染一种真菌（*Rhizopus artocarpi*，毛霉科根霉属），花序开始出现腐败。雌雄瘿蚊在真菌感染的腐败雄花序上取食、交配（图2-13～图2-15），然后雌性瘿蚊将卵产于雄性花序之中，幼虫孵化后以真菌菌丝为食，直到长大，化蛹。即将化蛹的幼虫钻出雄花，掉落在枯枝落叶中，化为虫蛹，直到下一次菠萝蜜开花，又来拜访花朵，为其传粉。完成自己生命周期的同时，也帮助菠萝蜜完成授粉。瘿蚊在拜访不同花序的时候，同时帮助真菌传播，感染下一个雄花序，雌性花序较少感染，或者在成熟落地后会感染。菠萝蜜、瘿蚊和真菌，通过密切的配合，互惠合作，彼此完成生殖和繁衍。

图2-13 瘿蚊在雄花序上（前期）

图2-14 瘿蚊在雄花序上（后期）

  不过，在不同的地方，菠萝蜜的传粉者还存在另外一些情况，在感染真菌的菠萝蜜雄花序上也发现了果蝇（图2-16），在雌雄花序上长时间停留或作为交配产卵地，不知不觉就起到传粉的功能。也有一些科学家认为菠萝蜜是靠风和昆虫混合传粉。

图2-15 瘿蚊在雌花序上

图2-16 果蝇在雄花序上

不同品种（系）的花粉管伸长速率的最适宜温度有较大差异，在26～32℃最快，在0～3小时内呈上升趋势，3小时后开始下降。因此，在海南从11月底延续至次年2月中旬都有开花，在万宁地区大多数菠萝蜜树于1—2月萌发花芽。一般雄花先开，雌花后开。6月下旬果实成熟。果实生长发育期

100～120天，在同一株树上，每个果实成熟期也不一致。早开花早成熟，晚开花晚成熟。不同品种间也有差异。早熟品种1月开花，6月上旬成熟；晚熟品种4月上旬开花，7月下旬成熟。有一些品种、单株，有开两次花、结两造果的习性，常称为四季菠萝蜜，即2月上旬开花、5月下旬成熟和7—8月开花、11—12月成熟，即所谓大春果和小春果（二造果）。个别四季菠萝蜜品种开花结果习性不稳定，即有些年份有两造果，有些年份为单造果。但如果摘掉幼果，就能第二次开花，结小春果；如果留熟果多（留在树上生理成熟），便不能结小春果。这种现象，从植株营养物质的积累和消耗来分析是有一定道理的。根据在海南的观察，纬度越向南，开花结果时间越早，如海南的主栽品种马来西亚1号（琼引1号），在海南乐东、保亭等地区，第一批菠萝蜜果实在3月中下旬便可开始陆续采摘上市，而文昌、琼海一带一般果实要5月、6月才开始成熟。由于海南各地纬度以及小气候条件不尽相同，果实成熟期也不同，自然四季有果，长年不断供应市场。

根据观察，一株菠萝蜜树上，结果部位多集中在树干及主枝上（图2-17）。至于近地表的侧根上偶尔也能结果。种在村边土壤肥沃、空间较大的壮年菠萝蜜树，生长茂盛，分枝多，侧枝、主枝强大，主枝上挂果往往多于主干上。这说明，强大的主枝是高产树的基础。从花枝类型来看，一般短果穗坐果率高，每一果穗一般3～4个果，结6个果以上的果穗也很常见。长果穗的果柄比较

图2-17　菠萝蜜结果树

长，最长有60厘米，坐果率低，每果穗一般只有1～2个果，少有3～4个果。长果穗对果实发育较有利，一般果形端正、丰满，畸形果少，但过长易导致养分运输受限，果实生长缓慢。在高产植株中，短果穗占很大比例。生产中会发现有一些花序表现出先天变异，在雌花序形成早期应及时摘除（图2-18）。导致畸形果发生的因素有开花期前后的气温、地温、土壤水分、树木的营养条件。其中，气温发挥更重要的作用，高温及气温差促进畸形果的发生。花器的发育是在地温和气温的最佳组合下发芽或开花，并正常发育，但是在气温高的状态下，干物重减少，着花数也减少，如上所述，畸形果的发生增加。品系间畸形果的发生是有差异的，发生率高的品系在加温栽培时，其发生率会明显提高。

图2-18　先天变异的雌花序

＞＞　第三节　对环境条件的要求　＜＜

菠萝蜜属热带果树。它们生长发育的地区仅限于热带、南亚热带地区。生长条件受各种环境因素支配与制约，其中主要影响因素有地形、土壤条件和气候条件等。

一、地形

海拔高低影响气温、湿度和光照度。每一种作物都需要有不同的生态条件。地势高度引起的条件变化也导致作物品种的多样性。

对于菠萝蜜来说，海拔高度在1～200米的地区是较理想的种植地区。虽然如此，菠萝蜜在热带地区海拔高度1 300米的地方也能生长良好。

二、土壤条件

菠萝蜜对土壤的选择不严格，甚至土壤遭受破坏十分严重的条件下，仍然能存活下来，它是一种抗旱能力较强的果树。菠萝蜜生长的理想土壤是土质疏松、土层深厚肥沃、排水良好的轻砂土壤。在海南，选择丘陵地区的红壤地、黄土地或砂壤土地种植也适宜。

要重视土壤酸碱度（pH）。土壤pH在一定程度上会影响土壤养分间的平衡。笔者前期观测了菠萝蜜在不同pH条件下的生长情况，由图2-19可知，菠萝蜜最适合的土壤pH为6.0～7.0。可用pH检测仪来检测土壤酸碱度。如果种植区的土壤pH为酸性土，可在土壤中增施生石灰，中和土壤酸度。海南省土壤多为弱酸性，一般定植时每公顷可同时撒施石灰750千克左右。

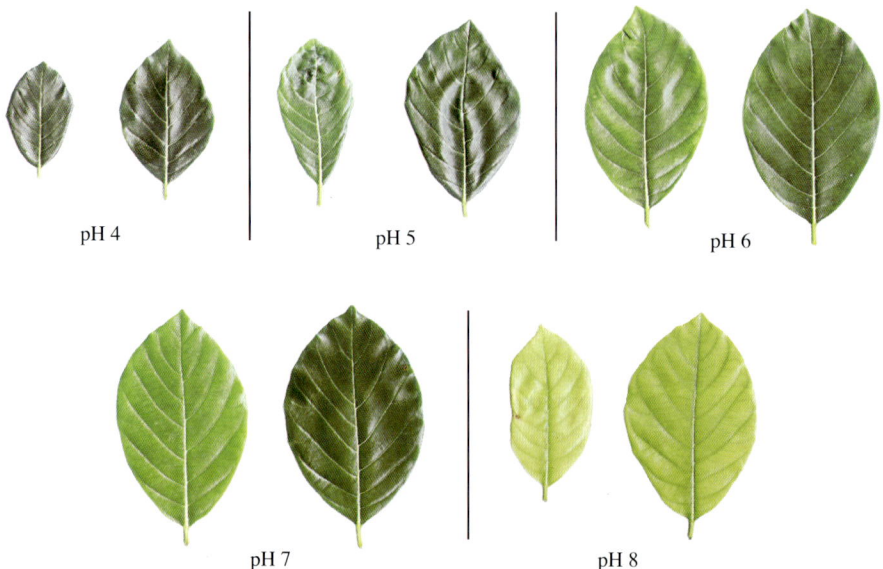

pH 4　　　　　　　　pH 5　　　　　　　　pH 6

pH 7　　　　　　　　pH 8

图2-19　不同pH条件下的菠萝蜜叶片生长情况

土壤水位高低至关重要。虽然菠萝蜜跟其他作物一样都需要水分，但只能种在土壤水位1～2米的地区，不能种在沼泽地、排水不好或易淹水的土壤中，笔者前期观测了菠萝蜜在不同淹水条件下的生长情况，由图2-20和表2-1可知，菠萝蜜在淹水或排水不畅的土壤条件下，持续2～3天，根极易腐烂并导致树木衰弱至死亡。

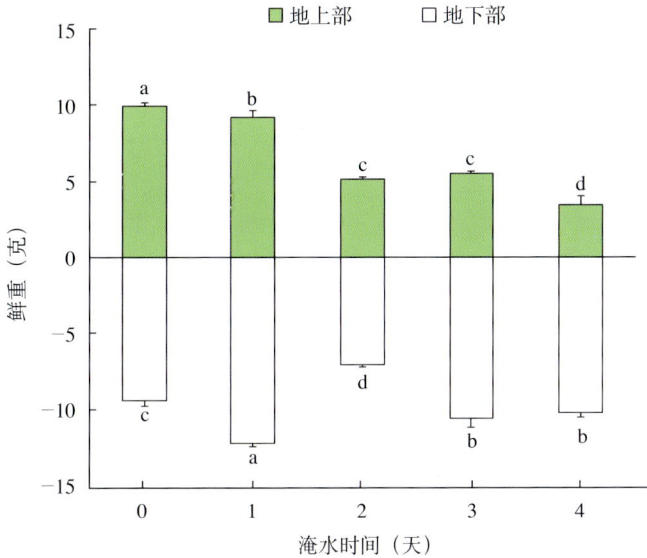

图2-20　不同淹水时间的菠萝蜜生物量变化

总之，要重视种植园土壤酸碱度（pH）及土壤淹水、排水等情况，只要上述主要条件得到满足，菠萝蜜就可以正常生长结果。在海南，选择丘陵地区红壤地、黄土地或砂壤土地种植较适宜。

三、气候条件

影响菠萝蜜生长的气候条件有降水量、光照、温度、湿度、风等。

水是作物进行光合作用的基本条件。菠萝蜜生长过程需要充足的水分，雨水不足时需要灌水，在主产区的海南东南部以及广东的茂名、湛江等地区年平均降水量在1 600毫米以上，其中海南万宁兴隆的年平均降水量可达2 500毫米，菠萝蜜生长良好。海南西南部的东方年降水量在1 000毫米左右，也可种植，但雨水不足时需要灌溉。以年降水量在1 600～2 500毫米且分布均匀为宜。

菠萝蜜和其他作物一样需要阳光，但光照过强一定程度上又会影响其生长，尤其幼苗忌强烈光照。但如果长期在过度荫蔽的环境中生长，光照不足，

表2-1 淹水胁迫下菠萝蜜幼苗生物量变化

淹水时间	地上部干重（克）	地下部干重（克）	总干重（克）	根冠比（%）	净光合速率（微摩尔/米²·秒）	气孔导度（摩尔/米²·秒）	胞间CO_2浓度（微摩尔/摩尔）	蒸腾速率（毫摩尔/米²·秒）	气孔限制值Ls（%）
不淹水	2.19±0.02a	1.52±0.05d	3.71±0.03c	0.69±0.03d	8.05±0.37a	0.09±0a	228.94±7.15ab	2.07±0.02a	0.41±0.02bc
1天	1.87±0.04b	2.68±0.14a	4.55±0.19a	1.43±0.04c	5.06±0.79b	0.03±0.01b	133.80±51.67c	0.86±0.27b	0.66±0.13a
2天	1.01±0.03d	1.78±0.05c	2.79±0.08e	1.76±0.02b	4.38±0.33b	0.03±0.01b	169.67±60.77bc	0.90±0.19b	0.57±0.15ab
3天	1.26±0.05c	2.78±0.09a	4.04±0.05b	2.21±0.15a	4.30±1.66b	0.05±0.02b	245.49±16.28a	1.26±0.35b	0.38±0.04c
4天	1.06±0.13d	2.32±0.20b	3.38±0.25d	2.20±0.29a	3.62±1.07b	0.03±0.01b	205.67±7.53ab	0.85±0.23b	0.48±0.02bc

会导致植株直立、分枝少、树冠小，结果少、病虫害多。适当的光照对植株生长及开花结果更有利。因此，在栽植时种植密度要适宜，应留有适当的空间，以利于植株对光照的吸收。

温度在菠萝蜜生长中也起重要作用。在海南、广东，有些年份会遭遇寒流的侵袭或霜冻。根据观察记录，2013年12月至2014年1月底，广东阳江、茂名、高州和化州等地在11月中旬、12月中旬和次年1月中旬连续遭遇3次6～8天不同程度的3～10℃的低温，致使当地菠萝蜜大量落花和落果；海南海口、琼海地区在12月和次年1月也受到两次8～12℃低温的侵袭，这批花果几乎全部掉落或发育的果实不正常。2016年1月底至次年2月底，海南菠萝蜜主产区也遭遇罕见寒害2～3次，每次2～4天，9～18℃低温，海南此时刚好又是菠萝蜜开花和小果发育时期，引起菠萝蜜大量落花和落果，有些叶片受寒害而发黑。2020年12月中旬至次年1月底，海南遭遇多年不遇的寒害，北部和中部山区罕见5～10℃低温危害，持续时间长达2个星期左右，在海南北部、东部、西部和中部地区的菠萝蜜种植园，都出现大量落花和落果，幼龄树叶片则表现出明显寒害症状（图2-21、图2-22），乐东、三亚等海南南部地区受影响稍微小些。气温骤然下降幅度过大或日夜温差变化过大都不利于菠萝蜜的花果正常生长发育和品质、风味形成。在南亚热带地区，最冷月平均气温12～15℃，绝对最低温0℃以上，可正常生长结果。

图2-21 幼龄菠萝蜜树受寒害初期症状

图2-22 幼龄菠萝蜜树受寒害后症状

此外，空气湿度和风等气象因子也影响菠萝蜜生长。高湿减少土表蒸发，微风有利于果树传粉。2024年9月6日，第11号超强台风"摩羯"从海南省文昌市登陆，中心风力达到17级以上。受此超强台风影响，琼北地区的菠萝蜜受灾严重，大树从主干处折断，叶片大量掉落（图2-23、图2-24受台风影响的菠萝蜜树）。因此，台风前果园应采取一定的预防措施，首先，应选择易于排水的地方建园，园区规划要与防护林设置相结合，防风林设计和树种选择高、中、矮树种混种，如木麻黄、竹柏、琼崖海棠、油茶等。其次，设置排灌系统，山坡地应在坡顶挖环山防洪沟，沟面宽0.8～1米、底宽及沟深0.6～0.8米，以减少水土流失。再次，捆绑加固，为防强风摇动植株导致根部受损、枝条折断，新植幼龄树应设立支柱加以固定，支柱可采用竹子、木条、钢管等，再以绳子或布条固定主干。此外，非常重要的一步即是修枝整形，在海南每年8—10月海南台风较为密集的时期，在果实采收后应进行修枝整形，将过密枝条剪除，并适当矮化植株，缩小冠幅，降低风害，同时重施有机肥和复合肥以促进树势尽早恢复。最后值得注意的是，为减轻灾后经济损失和做好种植过程中的风险管理，种植户应提前购买相关农业保险，确保灾后经济损失得到补偿，及时恢复生产。台风后应快速疏通排水沟，挖沟排水，有条件的使用抽水机排水，避免果园积水时间过长烂根。全面清理园内枯枝烂叶、

图2-23　琼海地区的菠萝蜜成龄树被拦腰折断

图2-24　儋州地区的菠萝蜜幼龄树被风吹倒

图2-25　吹斜的植株适当修剪并立柱固定

杂物、落果等，保持园区整洁，减少病虫害的发生。吹斜的植株要适时修剪，修剪1/3 ～ 1/2的枝叶，扶正立柱固定（图2-25），养树；对吹倒的植株，由于根部严重受损，不可立即扶正，先适度修剪地上枝叶1/2 ～ 2/3（修剪量根据实际情况而定），待树势恢复后再逐步扶正。枝条折断处应予重新修整，修剪口斜向上（留有斜面），防止修剪口积水腐烂，最好在修剪口涂上伤口保护剂（图2-26）。检查菠萝蜜树体，如果树体根颈周围已形成一个洞，可配施50%多菌灵可湿性粉剂500倍液或其他杀菌剂，喷根颈部，然后培新土固定。台风过后，往往有暴雨，果园容易发生菠萝蜜花果软腐病和炭疽病等，可选用50%多菌灵500倍液或70%甲基硫菌灵800倍液，每隔7天喷药1次，连续用药2 ～ 3次。被水淹过的果园淤泥较多，土壤不透气，易造成植株根系缺氧，造成死根烂根。在天气晴好、土壤基本干燥的情况下，进行浅耕松土，以恢复土壤通透性，促发新根。水涝后果园土壤湿度过大，植株根系受到不同程度的损伤。待植株根系恢复、新叶抽生时，可薄施液体氨基酸肥料或喷施叶面肥补给营养，快速恢复生势。及时剪去枯枝、密生枝、细弱枝以及病虫枝等，改善

图2-26　修剪口涂伤口保护剂

植株树冠光照条件，调节植株养分分配。同时，对根系受损严重的植株，除进行较重修剪外，还应摘除部分或全部果实，及早恢复树势。

据调查，凡是种在村边房屋周围的菠萝蜜实生树，生长快、枝叶茂盛，植后7～8年开始结果，早的4～5年就开始结果，嫁接苗2～3年就可结果，且产量高、品质优；而种在沿海砂土地带或远离村庄、荫蔽度大、瘦瘠山坡上的菠萝蜜，则生长慢，长势差，病虫害多，结果迟，产量低，品质劣。针对以上现象，农民常采用施食盐或在树梢熏烟等措施促使菠萝蜜开花结果。笔者认为菠萝蜜的长势与生态环境因素中的土壤是否肥沃、环境是否荫蔽、空气中二氧化碳含量多少、土壤盐分以及其他微量元素多少有关。

3 Chapter
第三章

菠萝蜜种苗繁育技术

菠萝蜜常用的繁殖方法包括有性繁殖和无性繁殖。

有性繁殖又称播种繁殖。此法简单易行，民间多采用此法繁殖苗木。但其所生产的苗木遗传因素复杂，变异性大，植后难保有其母本的优良性状，现在商业生产中不种植实生苗，一般是为嫁接准备繁育砧木苗。

无性繁殖就是利用优良母树的枝、芽来繁殖苗木，用此法繁殖的苗木遗传因素单一，能保持母树的优良性状（如高产、优质、抗性强等性状）。无性繁殖包括嫁接、空中压条、扦插与组织培养等方法，目前大规模商业生产主要采用嫁接方法繁殖良种苗木。

>> 第一节 有性繁殖 <<

有性繁殖又称播种繁殖，是菠萝蜜育苗中最基础的繁殖方法。无论是培育实生苗木或嫁接砧木，都要通过播种育苗来实现。播种育苗有如下步骤。

一、选种

1.选树

选择生势壮旺、结果3年以上、高产稳产、优质、抗逆性强的母树采果。

2.选果

选择发育饱满、果形端正、果皮瘤状物稀疏、没有病虫危害、充分成熟的果实。

3.选种

一般应选择发育饱满、充实、圆形的种子。这类种子播种后生长快、长势强壮。如果选用发育不饱满、畸形的种子播种育苗，植后长势弱，因此不宜选用这类种子。

二、育苗

菠萝蜜种子寿命短，一般能维持活力2周左右，应随采随播。试验结果表明，种子储藏15天后，发芽率为70%；30天后发芽率下降至40%以下。民间保存菠萝蜜种子的方法是，自果中取出种子，洗净，阴干，用新鲜的谷壳或木糠或木炭粉与种子混合，保存在瓦罐内，数月仍不变质。

1.播种催芽

从瘦果中取出种子洗净，阴干晾种2～3天后，准备好厚约30厘米的沙床，将种子按1～2厘米间隔一个个排列于沙床上，覆沙盖过种子（厚不超过1厘米），用花洒桶淋透水，之后保持沙床湿润（图3-1）。

晾种　　　　　　　　　　播种

覆沙　　　　　　　　　　浇水

图3-1　沙床播种育苗

2.苗床（或育苗袋）准备

(1) 苗床准备　菠萝蜜主梢生长快，地下部分比地上部分快2～3倍，因此，苗床应深耕细耙，施足禽畜粪肥或土杂肥等基肥，要求苗床土壤肥沃、疏松。然后起畦，畦床规格为长10米、宽1～1.2米、高15～20厘米，每畦间隔宽50～60厘米。

（2）**营养土的配备**　以肥沃的表土或菜园土与土杂肥（或粪肥）9∶1或8∶2，再加适量的椰糠混合备用。

3.移芽

（1）**苗床育苗**　当催芽的种子发芽后，按5厘米×10厘米的株行距移入苗床。苗床上遮盖50%遮阳网或置于树荫下，移植后淋透定根水。

（2）**育苗袋育苗**　将胚芽移入规格20厘米×28厘米育苗袋中，并遮盖50%遮阳网或置于树荫下，移植后淋透定根水（图3-2）。

移苗　　　　　　　　　　　　　　　　　将袋苗置于遮阳网下

图3-2　育苗袋育苗

4.苗木管理

与一般果树基本相同。当苗木如筷子般大小时可进行嫁接育苗。

>> 第二节　无性繁殖 <<

无性繁殖育苗是利用植物的营养器官（如枝、芽）繁殖种苗，有如下几种育苗方法。

一、嫁接

嫁接属无性繁殖的一种。嫁接苗既可保存母本的优良性状，又可利用砧木强大的根系，有利于提高植株抗风、抗旱能力，使植株生长健壮，结果多，经济寿命长。目前，大规模的商业生产都是通过嫁接繁殖苗木。

1.采接穗

接穗取自结果3年以上的高产优质优良母树，选1～2年生木栓化或半木栓化的枝条，以枝粗0.7～1厘米、表皮黄褐色、芽眼饱满者为好（图3-3）。

图3-3　嫁接工具和枝条

2.砧木

以主干直立、茎粗0.8～1厘米、叶片正常、长势健壮、无病虫害的实生苗作砧木，砧木苗最好为袋装苗或其他容器培育的苗木（图3-4）。

图3-4　砧木苗

3.嫁接时间

以3—10月为芽接适期。此时气温较高，树液流通，接穗与砧木均易剥皮，但雨天和风干热风时期（海南的6—8月）不宜嫁接。

①排乳汁　　　　　　　②开芽接位　　　　　　　③削芽片

⑥解绑与剪砧　　　　　⑤捆绑　　　　　　　　④接合

图3-5　嫁接操作步骤

4.嫁接操作

目前多采用补片芽接法嫁接，其操作步骤如下（图3-5）。

（1）排乳汁　菠萝蜜乳汁（乳胶）会影响芽接成活，因此在嫁接前需先排乳汁。在砧木离地面10～20厘米的茎段选一光滑处开芽接位，在芽接位上方先横切一刀，深达木质部，让树上的乳汁流出，可在计划芽接的苗上一连切10株砧木排胶。

（2）开芽接位　用湿布擦干排出的乳汁，在排胶线下开一个宽0.8～1厘米、长2.5～3厘米的长方形，深达木质部，从上面用刀尖挑开树皮，拉下1/3，如易剥皮，则削芽片。

（3）削芽片　选用充实饱满的腋芽，在芽眼上下1.2～1.4厘米的地方横切一刀，再在芽眼左右竖切一刀，均深达木质部，小心取出芽片，芽片必须完好无损，略小于芽接口。不剥伤芽片是芽接成功的关键。

（4）接合　剥开接口的树皮，放入芽片（芽片比接口小0.1厘米），切去砧木片约3/4，留少许砧木片卡住芽片，以便捆绑操作。芽接口应完好无损。

（5）捆绑　用厚0.01毫米、宽约2厘米、韧性好的透明薄膜带自下而上一圈一圈缠紧，圈与圈之间重叠1/3左右，最后在接口上方打结。绑扎紧密也是嫁接成功的关键之一。

(6) 解绑与剪砧　嫁接25天后，如芽片保持青绿色，接口愈合良好者，即可解绑。解绑后1周左右芽片仍青绿可在接口上方5～10厘米处剪砧，此后注意检查，随时抹除砧木自身的萌芽，使接穗芽健康生长。

二、扦插

据记载，菠萝蜜可以扦插繁殖。其操作是在优良的母树上截取插穗前30天，对截取部位环割进行黄化处理；扦插前再用2 000毫克/升阿魏酸+3 000毫克/升IBA速浸，发根率可达90%（图3-6）。

图3-6　扦插育苗

三、空中压条（圈枝）

采用圈枝方法进行无性繁殖，圈枝时间及除去菠萝蜜乳汁（乳胶）是关键，在海南以每年开春的3—5月最好，选直径1.5～2厘米粗的半木栓化枝条，在离枝端30～50厘米处，环状剥皮长23厘米，然后用刀剥口轻刮，刮净剥口残留的形成层，在海南常用的包扎基质为椰糠，湿度以手捏刚出水滴为度，最后用塑料袋以环

图3-7　圈枝育苗

剥口为中心包扎绑实，捆绑扎紧也是圈枝成功的关键之一（图3-7），目前此法生产上很少采用。其优点是植株矮化、方便管理，可提早结果，保持了优良特性；缺点是无主根，树体抗风力稍弱，向背风面倾斜。经调查，3年生菠萝蜜圈枝树高2.1～2.3米，茎围25～30厘米，根深35厘米，在距土面20厘米处生侧根5～6条。定植1年后结小果，第2年起可结少量果实。

四、组织培养法

组织培养法适用于规模化、产业化培育种苗，目前此法还处在试验阶段。

根据国外学者介绍，取健壮的菠萝蜜树茎段节芽为材料，将这些外植体用蒸馏水冲洗若干次，在0.5%氯化汞溶液中悬浮2～3分钟，用无消毒剂的灭菌水冲洗，将菠萝蜜的节外植体置于MS培养基上培养，添加1.0毫克/升BAP和0.5毫克/升6-糠基氨基嘌呤时能诱导形成复芽，将离体形成的嫩枝置于培养基中继代培养发育新梢，在添加NAA和IBA各1.0毫克/升的MS盐浓度减半培养基中，离体的增殖嫩枝经培养诱导生根，将生根的嫩枝置于无激素和糖的液体浓度减半MS培养基中驯化，在3 000勒克斯的冷白荧光灯下，生根的嫩枝在（26±3）℃滤纸台上生长20天，之后将生根的嫩枝移至含土壤、硅石和沙（2∶1∶1）混合物的盆钵并保持在相同环境条件下，生根嫩枝逐日浇水，用透明聚乙烯袋覆盖盆栽植株，保持高湿度，待植株6～7厘米高时移到温室，炼苗后移至田间种植。

>> 第三节 苗木出圃 <<

一、出圃苗标准

1. 实生苗标准

种源来自经确认的品种纯正、优质高产的母本园或母株，品种纯度≥95%；出圃时营养袋完好，营养土完整不松散，土团直径>12厘米、高>20厘米；植株主干直立，生长健壮，叶片浓绿、正常，根系发达，无机械损伤；种苗高度≥50厘米；主干粗度≥0.6厘米；苗龄3～6个月为宜。

2. 嫁接苗标准

种源来自经确认的品种纯正、优质高产的母本园或母株，品种纯度≥98%；出圃时营养袋完好，营养土完整不松散，土团直径>12厘米、高>20厘米；植株主干直立，生长健壮，叶片浓绿、正常，根系发达，无机械损伤；接口愈合程度良好；种苗高度≥30厘米；砧段粗度≥1.0厘米、主干粗度≥0.3厘米；苗龄6～9个月为宜（图3-8）。

二、包装

用营养袋培育的种苗不需包装，可以直接运输；地栽苗起苗后要及时浆根包装，根部用草帘、麻袋、干净肥料袋和草绳等包裹绑牢，包内填充保湿材料以达到苗根和苗茎不受损伤为准，以每包20株为一捆用包装纤维绳包扎好，

图3-8　嫁接苗

并挂上标签。

三、贮存与运输

　　种苗包装好后存放于安全的地方，避免烈日暴晒或霜冻害。可存放于树荫下或存放于遮阳网下，基部着地竖立存放；同时应注意防虫蛀、腐烂及防止病虫害的发生和蔓延。

　　菠萝蜜种苗在运输装卸过程中，应注意防止种苗芽眼和皮层的损伤。到达目的地后，要及时交接、保养管理，尽快定植或假植。

菠萝蜜果园管理技术

　　长期以来，菠萝蜜主要作为庭院种植的作物，植于房前屋后、村庄边缘和公路边等，集中连片规模化种植较少。当定植成活后，后期的人力劳动成本投入较低，无须精耕细作，种植管理相对粗放。

　　菠萝蜜是多年生热带特色果树，独具特色，经济寿命长。菠萝蜜种植业在农业经济中具有高效、速效和长效三重优势，只有标准化种植，才能促进产业可持续发展，并显著促进农业增效、农民增收和农村增绿。要在菠萝蜜种植上取得"一次栽树，长期受益"，需要科学规划和高水平的树体管理技术。因而，建园前必须重视果园规划与种植管理，主要包括果园选址、开垦、定植、施肥管理、土壤管理、树体管理和水分管理等，这关系到菠萝蜜果树的早结、丰产和稳产。生产实践证明，果农对果园规划、种植技术、整形修剪技术的掌握程度，是决定一个果园产量、质量和经济效益的关键因素，最终直接关乎果园生产效益。

　　菠萝蜜果实味美、营养丰富、用途广泛，市场前景向好。从栽培上说，结果寿命长、产量高而稳定、全年养护期短、生产成本低，适合无公害管理，这也是世界高效农业的重要组成部分。

>>　第一节　果园建立　<<

一、果园选址

　　一般选择年平均温度19℃以上，最冷月平均温度12℃以上，绝对最低温度0℃以上，年降水量1 000毫米以上的地方。

　　菠萝蜜对土壤条件要求不甚严格，适宜多种土壤类型，许多平地、丘陵地区的红壤地、黄土地、河沟边或砂壤土地种植较适宜，但仍以选择坡度＜30°，土层深厚、结构良好，土质肥沃、疏松，易于排水，pH 5.0 ～ 7.5，地下水位在1米以下，靠近水源且排水良好的地方建园。菠萝蜜不耐盐碱，在盐浓度为0.34%的盐碱地种植则表现明显盐害症状（图4-1）。

老叶　　　　　　　成熟叶　　　　　　　新叶

图4-1　菠萝蜜叶片盐害症状

菠萝蜜果实在储藏和运输中容易损伤、腐烂，所以在选择园址的同时应考虑交通条件是否便利。

二、园地规划

园地规划包括小区选择、水肥池、防护林、道路系统和排灌系统等整体规划与设计。

1.小区选择

为了便于果园的发展和管理，集中连片种植必须根据地块大小、地形、地势、坡度及机械化程度等进行园地规划，包括小区、道路排灌系统、防护林和水肥池等。一般按同一小区的坡向、土质和肥力相对一致的原则，通常以25～30公顷为一片，并划分若干小区，每个小区面积以1.5～2公顷。规模化、标准化种植的果园见图4-2、图4-3、图4-4。

2.水肥池

果园水肥池的规划。一般每个小区应设立水肥池，容积为10～15米^3。

3.防护林

园地的划区要与防护林设置相结合，园地四周最好保留原生林或营造防护林带，林带距边行植株6米以上。主林带方向与主风向垂直，植树8～10行；副林带与主林带垂直，植树3～5行。宜选择适合当地生长的高、中、矮

图4-2 规模化种植果园

图4-3 规模化种植果园（云南西双版纳）

树种混种，如木麻黄、红花天料木、菜豆树、竹柏、琼崖海棠、台湾相思和油茶等树种。

4.道路系统

园区内应设置道路系统，道路系统由主干道、支干道和小道等互相连通组成，主干道贯穿全园，与外部道路相通，宽7～8米，支干道宽3～4米，小道宽2米。

图4-4　标准化种植果园

5.排灌系统

排灌系统规划应因地制宜，充分利用附近河沟、水库等排灌配套工程，配置灌溉或淋水的蓄水池等。坡度小的平缓种植园地应设置环园大沟、园内纵沟和横排水沟，环园大沟一般距防护林3米，距边行植株3米，沟宽80厘米、深60厘米；在主干道两侧设园内纵沟，沟宽60厘米、深40厘米；支干道两侧设横排水沟，沟宽40厘米、深30厘米。环园大沟、园内纵沟和横排水沟互相连通。除了利用天然的沟灌水外，同时视具体情况铺设管道灌溉系统，顺园地的行间埋管，按株距开灌水口。

三、园地开垦

园地应深耕全垦，一般在定植前3～4个月进行，让土壤充分熟化，提高肥力。开垦时，首先划出防护林带，保留不砍，接着砍掉不需要保留的乔木和灌木，并进行清理。土壤深耕后，随即平整。园地水土保持工程的修筑依据地形和坡度的不同而进行。坡度5°以下的缓坡地不必修筑专门的水土保持工程，但应等高种植，并尽量隔几行果树修筑一个土埂以防止水土流失；坡度在10°～30°的坡地应等高开垦，修筑宽2～2.5米的水平梯田或环山行，单行种植，每隔1～2个穴留一个土埂，埂高30厘米（图4-5）。

图4-5　云南屏边山地修筑梯田种植菠萝蜜

四、植穴准备

植穴准备在定植前1～2个月完成，植穴以穴宽80厘米、深70厘米、底宽60厘米为宜。挖穴时，捡净树根、石头等杂物，让表土、底土经充分日晒后再回土。

根据土壤肥沃或贫瘠情况施穴肥。每穴施充分腐熟的有机肥20～30千克、复合肥0.5～1千克、过磷酸钙1千克作基肥，先回入20～30厘米表土于穴底，中层回入表土与肥料混合物，上层再盖表土。回土时土面要高出地面约20厘米，呈馒头状为好。植穴完成后，在植穴中心插标，待2～3周土壤下沉后，即可定植。

五、定植

1.定植时期

在海南，春、夏、秋季均可定植，以3—4月或8—10月定植为宜，雨季定植最佳，有利于幼苗恢复生长。在春旱或秋旱季节，如灌溉条件差的地区，不宜定植。在秋冬季低温季节，定植后伤口不易愈合，且不易萌发新根，影响成活率，这些地区应在10月中下旬完成定植工作，有利于在低温干旱季节到来之前菠萝蜜幼苗恢复生机，翌年便可迅速生长。

2.定植密度

菠萝蜜栽植的株行距，依品种、成龄树的树冠大小，植地的气候、土壤条件以及管理水平等而不同。一般采用株行距6米×6米或5米×7米，每亩定植18～22株，每公顷分别种植270株和285株。平缓坡地和土壤肥力较好园地可疏植，坡度大的园地可适当缩小行距或采用梯田式种植。土地瘠瘦的园块可适当密植，种植密的待菠萝蜜成林后逐年留优去劣，进行疏伐。

3.定植方法

选择芽接苗高25～35厘米（从芽接点算起）的壮苗进行定植。移苗时应尽量避免损伤主根。若损伤主根流出白色胶汁时，幼苗会失水，降低成活率。若有此情况，可用枝剪修剪伤口使其平顺，再涂抹保护剂，防止失水。定植时在已准备好的植穴中挖一个比种苗的土团稍大的植穴，然后将苗放入植穴，土团放端正，深浅适度，苗身直立，然后解开袋装苗塑料袋，用细土先将土团下面填满塞紧，再填四周，适当压紧，但不能直压土团。总之，填土要均匀，根际周围要紧实。定植后，在根圈内筑一直径80厘米的树盘，上面盖草，然后淋足定根水，再盖一层细土（定植步骤见图4-6）。

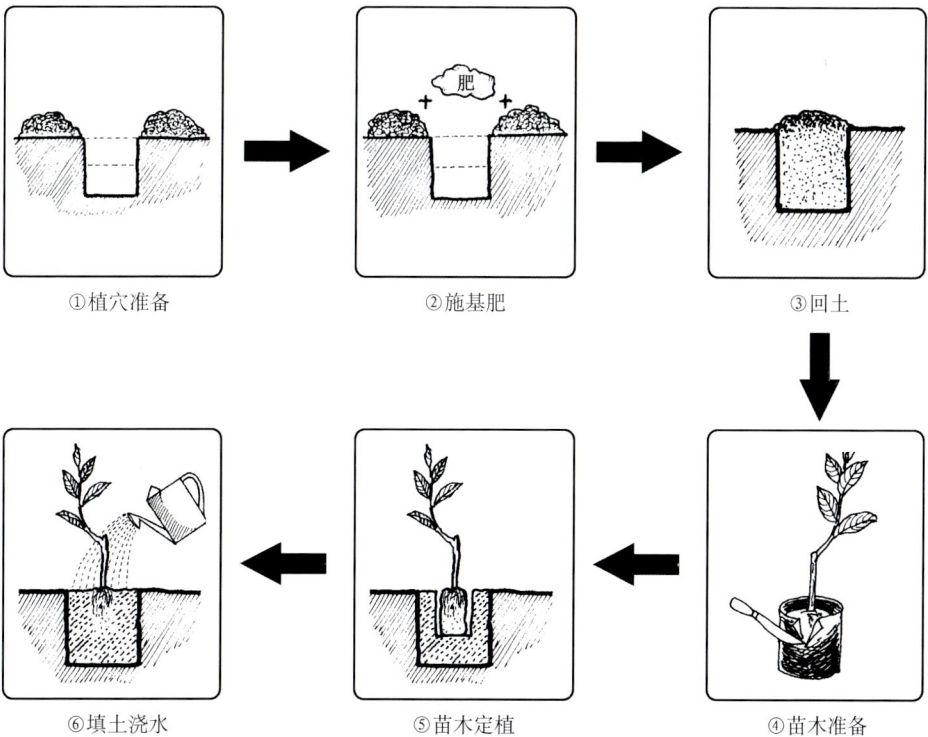

①植穴准备　②施基肥　③回土

⑥填土浇水　⑤苗木定植　④苗木准备

图4-6　定植步骤

4.植后管理

苗木定植后，如遇干旱天气，每隔数日淋水1次，以提高成活率；如遇雨天应开沟排除积水，以防止烂根。植后一个月左右抽出的砧木嫩芽要及时抹掉，并对缺株及时补植，保持果园苗木整齐。此外，还应密切关注蜗牛危害，严重的会啃食树皮，导致植株缺水死亡，发现有蜗牛出现应及时用有效成分为四聚乙醛的药剂撒在树盘处进行防治（图4-7、图4-8）。

图4-7 蜗牛啃食菠萝蜜树皮

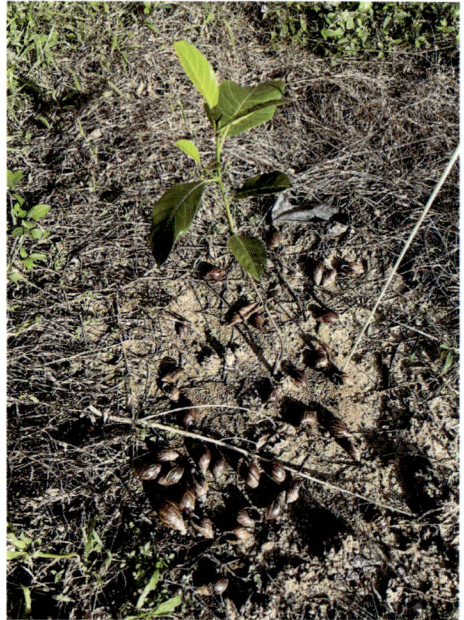

图4-8 幼苗蜗牛防治

此外，黄翅绢野螟也容易取食嫩芽（图4-9、图4-10），导致抽生的新叶小且畸形（图4-11），可于早晨摘除有危害的嫩梢及叶片，集中清除销毁，可大大减轻下一年的虫口数量。也可在发现危害症状时，选用触杀和胃毒作用的药剂，每10天进行全园喷药，如50%杀螟松乳油1 000 ～ 1 500倍液、40%毒死蜱乳油1 500倍液、2.5%溴氰菊酯乳油3 000倍液等，在发生初期用甲维·联苯菊1 000 ～ 1 500倍液防治，严重时用40%毒死蜱乳油1 000 ～ 2 000倍液每隔7 ～ 10天喷施1次，连续喷施2 ～ 3次。或选用16 000IU/毫克苏云金杆菌可湿性粉剂800倍液、植物源农药1%印楝素乳油750倍液、2.5%鱼藤酮乳油750倍液、3%苦参碱水剂800倍液进行喷雾。幼苗期还会容易有蚜虫为害，其常聚集在幼苗、嫩叶、嫩茎和近地面的叶片背面，取食寄主汁液（图4-12）。蚜虫与蚂蚁有着和谐的共生关系。蚜虫带吸嘴的小口针能刺穿植物的表皮层，吸取养分。每隔一两分钟，这些蚜虫会翘起腹部，开始分泌含有糖分的蜜露。

图4-9 黄翅绢野螟为害嫩叶症状

图4-10 黄翅绢野螟为害症状

图4-11 黄翅绢野螟为害后抽生的新叶小且畸形

图4-12 蚜虫为害嫩芽

工蚁赶来,用大颚把蜜露刮下,吞到嘴里。一只工蚁来回穿梭,靠近蚜虫,舔食蜜露,就像奶牛场的挤奶作业。蚂蚁为蚜虫提供保护,赶走天敌;蚜虫也给蚂蚁提供蜜露，这是一个合作互惠的交易。如在田间发现有少量蚜虫为害时，可及时摘除带蚜虫叶片，清除田边杂草和周边受蚜虫为害的老残作物。发现大量蚜虫时，应及时在叶片正反面喷施农药。可用50%马拉硫磷乳剂1 000倍液，或50%杀螟硫磷乳剂1 000倍液，或50%抗蚜威可湿性粉剂3 000倍液，或2.5%溴氰菊酯乳剂3 000倍液，或40%吡虫啉水溶剂1 500～2 000倍液等，喷洒植株1～2次。

六、菠萝蜜盆栽

菠萝蜜盆栽在印度尼西亚一些大城市的家庭庭院内已成时尚，既能美化环境，又能有果实观赏及收获。在我国南方，在有庭院的家庭和公园，摆上几盆热带珍果盆栽，其乐无穷，更可为园艺产业开辟新资源。和其他果树盆栽一样，菠萝蜜也可以在盆里种植（图4-13）。在菠萝蜜树种上的选择，应选择早结果、果形小、树形不高的嫁接苗或圈枝苗。有一个印度尼西亚的菠萝蜜品种叫迷你菠萝蜜（nangka mini），很适合用于盆栽。

由于盆栽果树生长发育所需的各种营养成分主要来源于盆栽时用的营养土和日后管理上的追肥，因此在进行菠萝蜜盆栽时，要特别注意营养土的配制。通常将有机肥、泥土按2∶8的比例配制。有机肥要充分腐熟，避免用新鲜料，否则会产生热反应，造成伤根甚至死苗。

图4-13　菠萝蜜盆栽

1.盆栽容器选择

菠萝蜜树属高大树种，所以采用的容器比一般盆栽容器大。可选直径50厘米以上、高50厘米以上的容器。容器材料有各种各样，主要有陶制花盆和旧铁桶，也可自制水泥或木料的容器。品质上各有长处和短处，但必须具有透水、透气的功能。

2.种植与管理

在花盆底层铺小石或瓦片，起过滤作用。填营养土后淋足水，静置1周后才在盆中央挖跟袋苗大小相适应的小穴。种植时去除袋苗的袋，埋入洞内，周围填土，用竹或树枝扶直树苗。在盆上覆盖上木糠、稻壳、树叶等，保持盆土湿润。容器下方要垫高离地，使盆土易于排水。在盆栽初期，把盆栽幼苗放在阴凉处1个月以上，再移到阳光下。定时定量淋水，每日1次。用花洒桶淋水，盆底出水了即停浇。淋水要与除尘相结合。松土也要与浇淋相结合。

种植3个月后开始施肥。每盆施0.5千克有机肥和50克复合肥。以后每个月按此肥比例施1次。同时，喷施叶面肥。在有了很好的低矮树形结构，即种植3个月后，对健壮的树苗进行修剪。第1次在离营养土高20～40厘米的部位剪去主茎顶部。2～3周后又长出许多芽，在其中选2个好的芽，作为一级分枝，其余的芽剪除。再过几周，一级分枝长到20～25厘米时，在离主干15厘米处剪去顶端。待第2分枝长出新芽后再修剪，只留2个生长好的芽。如此反复修剪，直到形成良好树形结构为止。此过程就是不断剪掉过长的、过弱的、带病的、受伤的或没有结果的树枝或树梢。

盆栽菠萝蜜树，生长相对较慢，但枝干会增粗，根系也会增多。由于树苗消耗了盆土养分，妨碍果树的健康成长，必须及时换盆、换土。如发现树根从盆洞口伸出，树叶变小、卷曲，或者嫩枝抽生难，就应换盆。换盆时，事先往盆中浇水，然后小心地移出树苗来，使盆土和根都不受损。脱盆后削去四周和底部的营养土。准备好更大的新盆，在盆底垫瓦片后铺一层营养土，然后把原带土的菠萝蜜树苗装进新盆内，四周填满新的营养土，淋足水，适当荫蔽，便完成了换盆工作。

>>　第二节　树体管理　<<

菠萝蜜定植后，既要加强幼龄树管理，又要重视成龄树管理，才能保证长久且稳定的产量和品质。树体管理包含了除草、修剪、浇水、施肥、病虫害防治、疏果套袋等关键步骤。

一、幼龄树管理

1.施肥与除草

正常管理条件下，菠萝蜜可在定植第3年进入开花结果期。因而，幼龄菠萝蜜树一般指种植后1～3年未结果或开始结果的树。这时期菠萝蜜的生长特点是，枝梢萌发旺盛，根系分布浅，抗逆能力弱。幼龄树施肥管理的任务是扩大根系生长范围，以促进枝梢生长，抽生健壮、分布均匀的枝梢和形成良好、丰产的树冠结构。除冬季施有机肥作为基肥外，每次抽新梢前施速效肥促梢壮梢。施肥量应根据菠萝蜜的不同生长发育时期而定，随着树龄的增大，逐年增加施肥量，以满足其生长需要。

根据幼龄菠萝蜜的生长发育特点，应贯彻勤施、薄施、生长旺季多施肥的原则。苗木定植后1个月左右，即新梢抽出时应及时施肥。一般10～15天施1次水肥，水肥由人畜粪、尿、饼肥和绿叶沤制腐熟后施用。如果水肥太浓可加水；浓度不够，可加尿素或复合肥施用。一年生幼树在整形修剪后15～20天可株施尿素100～150克或15-15-15复合肥100克或水肥2～3千克，滴水线处开沟施；第一次枝梢老化后至第二次枝梢萌动前，株施高钾复合肥100～150克，滴水线处开沟施，主要是促进新梢枝条硬化，避免新梢过软下垂；第二次枝梢老化后至第三次枝梢萌动前，株施尿素150～200克或15-15-15复合肥200～250克或水肥4～5千克。施15-15-15复合肥200～250克，滴水线处开沟施；第三次枝梢老化后，接着修枝整形，施肥方式按上面第一次、第二次、第三次操作，施肥量有所增加。入冬后于干旱期每株挖穴施养树肥（有机肥或腐熟的农家肥）15千克和磷肥500～1 000克，此时期施养树肥主要是避免挖坑导致伤根出现浸水烂根现象。随着树龄增长，施肥量可逐年增加。要讲究尿素或复合肥施用方法，在平地上可环施；在斜坡上，在树苗高处施。每年挖的施肥坑方向保持一致，逐年轮换。在施肥的同时，在菠萝蜜树周围1米内的土层上进行松土。养分供应不足易出现缺素症状，表现为生长缓慢。因此，在施肥时，N、P、K等元素要合理施用，且要注重中微量元素的补施，推荐有机无机肥配施。养分过量易出现肥害，尤其苗期症状比较明显（图4-14）。

植后2年内，除梢期施肥外，每年秋末冬初可结合扩穴压青施堆肥和厩肥，株施20～30千克加过磷酸钙0.5千克（图4-15、图4-16），以提高土壤肥力，促进菠萝蜜根系生长。

除草工作在定植1个月后进行，避免蜗牛危害嫩叶，以后每1～2个月进行1次，每年3～4次。

2.浇水与覆盖

在菠萝蜜幼龄阶段，要满足果树对水分的需求。规模化种植菠萝蜜的地区，浇水工作是非常重要的。

图4-14　叶片肥害症状

图4-15　滴水线处挖施肥沟　　　　　图4-16　撒施肥料

因此，宜选择在雨季初定植。在没有降雨的情况下，定植初期，每天至少浇水1次，至6个月龄后可少浇水。在旱季应及时灌溉或人工灌水，可依行距每2～3行布置供水管，采用浇灌的方式，即用皮管直接浇水。如有条件，可以按株行，距离每株茎基部0.5米处接一个喷头开口，操作容易，效果较好。灌水一般在上午、傍晚或夜间土温不高时进行。

在雨季，如果园地积水，排水不畅，也会影响菠萝蜜生长。因此，在雨季前后，对园地的排水系统进行整修，并根据不同需求，扩大排水系统，保证果园排水良好。

果树在幼龄阶段应予覆盖，可以保持植株周边土壤湿润和减少水分蒸发。各种干杂草、干树叶、椰糠或间种的绿肥等都可以作覆盖材料（图4-17），覆盖时间一般从雨季末期开始，离主干距离15～20厘米覆盖，厚度以5～10厘米为宜。海南炎热干旱的季节土壤温度高达30～45℃，干杂草覆盖可以降低地表温度5℃左右，有利于减少水分蒸发，调节土温，夏季降温，冬季保温，不仅改善土壤理化性状，而且改良土壤团粒结构，增加土壤湿度、有机质含量和土壤微生物多样性，因而有利于根系的生长和养分的吸收。

3.修枝与整形

菠萝蜜修枝与整形是根据菠萝蜜的生长发育规律，结合土肥水、品种及管理技术措施，按照管理的要求修剪成一定的形状，这也是菠萝蜜生产中技术含量较高的管理环节，是决定一个果园产量、质量高低以及经济效益多少的

图4-17　幼龄树覆盖

关键因素。修枝与整形的实践证明："果树要高产，必须常修整；肥水基础好，剪刀赛神仙"，"果树不修整，枝繁果难见，病虫来缠绕，锯子作了断"。生产管理技术人员对修枝与整形技术掌握的程度，首先取决于对其意义与作用的认识水平。

　　果树修枝与整形的目的，就是要把树体培养成符合现代农业标准化生产所要求的树冠结构，使树体在便于管理和减少劳动力投入的同时，具有较强的结果能力、负载能力和抵御不利环境的能力，从而使树体达到生长健壮、优质、高产的目的。

　　修剪是指对果树上不合要求的枝条通过技术性修整和剪截措施，实现科学化的性能改造。比如常见的短截、疏枝、缓放、回缩、弯曲、造伤等修整方法。修枝的目的多种多样：培养骨干枝和结果枝组、控制树冠的大小、调节营养生长和生殖生长的关系、保护树体减少自然灾害与病虫危害等。

　　整形是指根据果树生产的需要，通过修枝技术把树冠整成一定大小、结构与形状的过程，最后实现目标树形。在生产上为了使树体的骨架结构分布合理和生长健壮，便于各种栽培管理和充分利用太阳光达到优质高产，一般都要进行树冠整形。

对菠萝蜜进行修剪的目的在于形成合理的树冠结构。适度的修剪，是培养主枝和二、三级分枝的关键。

一般地，菠萝蜜以修剪成金字塔形或宽金字塔形（俗称伞形）树冠为佳。菠萝蜜树的骨干枝是整个树冠的基础，它对树体的结构、树势的生长发育和开花结果都有很大影响。因此，必须在幼龄树阶段开始修枝整形，以培养好的树形结构，为丰产打下基础。要求每层枝的距离0.8～1米，使分枝着生角度适合，分布均匀，其技术要点是：幼苗期让其自然生长，当植株生长高度至1.5米左右时，即进行摘心去顶，让其分枝。抽出的芽应按东、南、西、北四个方位选留3～4个健壮、分布均匀，与树干呈45°～60°生长的枝条培养一级分枝，选留的最低枝芽距离地面应1米，多余的枝芽全部抹除。当一级分枝长度达1.2～1.5米时，再进行摘心去顶，以培养二级分枝。要求选留2～3条健壮、分布均匀，斜向上生长的枝条作培养二级分枝，剪除多余的枝条。如此类推，最后经过3～4次的摘心去顶，就可形成金字塔形或开张的树冠（图4-18）。

图4-18　菠萝蜜开张树冠

对菠萝蜜进行修枝、整形应掌握以下要求：

一是修枝整形时间以每年开春季节的2—3月开始为宜，可采用剪枝、拉枝、吊枝或撑枝等方法整形（图4-19、图4-20）。

图4-19　修剪前

图4-20　修剪后

　　二是以交叉枝、过密枝、弱枝、病虫枝等为主要修枝对象（图4-21）。修剪时首先针对果树枝叶茂密、妨碍阳光照射的果树树杈（图4-22～图4-24）。由下而上进行，修剪口往上斜切，防止伤口积水腐烂，最好在伤口涂上防护剂（图4-25）。

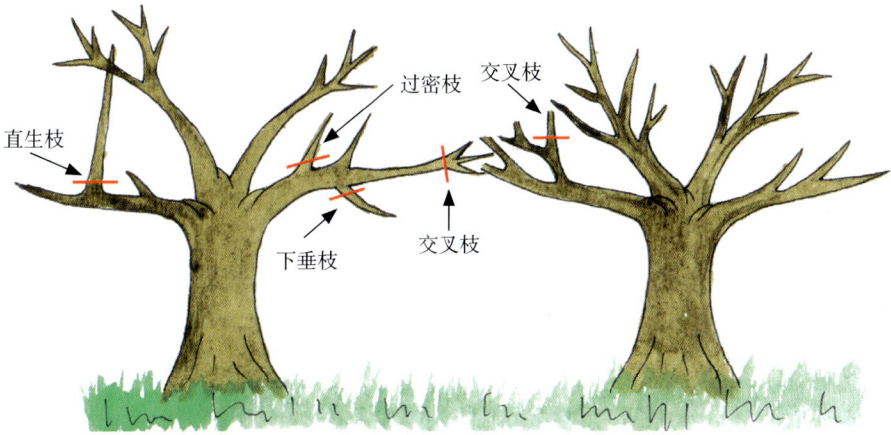

图4-21　菠萝蜜枝条修剪

图4-22　剪除直生枝

图4-23　剪除下垂枝

图 4-25　伤口涂防护剂

图 4-24　剪除交叉枝

　　三是对种植 1 ～ 3 年的树进行修剪，形成层次分明、疏密适中；树形不宜太高，以高度 3 ～ 5 米为好（图 4-26、图 4-27）。

图 4-26　1 ～ 2 年生树形

图4-27　3～5年生树形

4.间作

菠萝蜜株行距较宽，进入盛产期一般需5～8年，果园提倡间种其他短期作物或短期果树。通过对间种作物的施肥、管理，不仅有利于提高土壤肥力和土地、光能利用率，增加初期收益，而且有利于促进菠萝蜜生长。间种作物可选择蔬菜、凤梨、香蕉、番木瓜、甘薯、花生和大豆等经济作物（图4-28～图4-33）。

图4-28　菠萝蜜间作凤梨

图4-29　菠萝蜜间作香蕉

图4-30　菠萝蜜行间种姜

图4-31　菠萝蜜间作辣椒

图4-32　菠萝蜜间作大豆

图4-33　菠萝蜜间作花生

二、成龄树管理

1.施肥

菠萝蜜嫁接苗2～3年就可开花结果。菠萝蜜植株在生长发育过程中需肥量较大，而且需要氮、磷、钾等各种营养元素的供应。因此，必须根据其不同的生长发育阶段，合理施用肥料。比如按照一年集中一个采果时期的管理方式，可大致分为花前肥、壮果肥、果后肥等，以满足其生长需要，促进新梢生长、花芽分化和果实发育，并保持植株长势。根据菠萝蜜开花结果的物候期（以海南物候期为例），对结果树（即成龄树，其高产示范园见图4-34）施用氮、磷、钾肥，并与有机肥搭配施用，每个结果周期施肥3～4次。具体施用时间与用量如下：

（1）花前肥　冬春发芽、抽花序前施速效肥，以促进新梢生长与开花结果。在菠萝蜜冬前修剪过后10天左右，可株施尿素200～250克，滴水线处开沟施。修剪过后25～30天，可施磷肥、钾肥各1千克/株，滴水线处开沟施肥，促进花芽分化及花枝的粗壮度，提高商品果的出果率，也提升果实产量。花芽长出花序时，第一次疏花前施一次壮花肥，以15-15-15复合肥为主，滴水线处开沟施肥，同时结合叶面喷施0.2%的硼钙叶面肥2次，每次间隔1周左右，避免出现营养不良及畸形果。设施条件好的果园可以以水肥形式分次喷施于树冠滴水线处。

图4-34 菠萝蜜高产示范园

（2）壮果肥 疏花疏果后正是果实迅速膨大的时期，此时需施壮果肥，以平衡肥为主，视挂果量确定施肥量，滴水线处开沟施肥。此时若遇干旱少雨天气，则必须进行灌溉，方能保花保果，提高产量。壮果肥每10～15天施1次，以100～150克15-15-15复合肥为主，结合10%浓度的氨基酸水溶肥1千克，视挂果量追加施肥量。果实成熟度达到七成以后，追施一次高钾复合肥100克，主要是提高果实的甜度及重量。最好以水肥形式分次喷施于树冠滴水线处，同时结合叶面肥喷施2次浓度为0.2%的螯合钙和磷酸二氢钾液肥，每次间隔1周左右，满足坐果期对钙、钾的旺盛需求，保持果实营养吸收平衡，促进果实膨大，改善果色，防止落果、畸形果等，提高果实的内外品质。

（3）果后肥 又叫养树肥，是菠萝蜜稳产的一项重要施肥技术，施好养树肥能及时给植株补充养分，以保持或恢复植株生势，避免植株因结果多、养分不足而衰退。在采收菠萝蜜果实并进行树形修剪后，可株施15-15-15复合肥250克，于滴水线处开沟施。秋冬季于干旱期每株挖穴施养树肥（有机肥或腐熟的农家肥，以牛羊粪较优）25～30千克、饼2～3千克（与有机肥混堆）、复合肥1～1.5千克（图4-35），随着树龄的增大，逐年增加施肥量，以满足其生长需要。高产果园采果后易表现缺镁症状，每株应补施钙镁肥300克。果实锈斑病严重的果园，可在采完果修剪后进行土壤消毒处理，每亩均匀撒施200千克石灰于地表，于花枝长成后在树枝、花枝部位喷施一次0.1%浓度的溶敌秀杀菌剂（萎锈灵成分含量12%），雌花序谢花一个月后在幼果表面再喷施一次浓度为0.1%的溶敌秀杀菌剂，能有效减少下一年锈斑果的比例。

图4-35　果后肥施用方法

2.促花

花粉活性对于植物繁殖具有重要意义，活性高低直接影响授粉成功率，花粉管的长度对授粉也有一定的影响。研究发现，蔗糖、硼酸、钙是花粉萌发生长的必要条件，一般认为蔗糖对于花粉萌发具有重要作用，是花粉管壁合成的重要营养物质，蔗糖可以提供营养，并能维持一定的渗透压。花粉内的硼酸含量较少，硼的缺失会导致花粉管伸长缓慢和畸形。离体培养添加适宜浓度的硼酸可以促进花粉的萌发与伸长，增加花粉对蔗糖的吸收及代谢速度，促进花粉管膜内的果胶物质合成。硼酸也可作为诱导剂引导外源钙进入胞内，硼酸在细胞和细胞壁中直接调节钙的流入，影响花粉管的伸长。外源钙影响细胞骨架的组装、分泌小泡的运输和融合，促进花粉管伸长，包括花粉管的顶端和极性伸长，通过花粉管上的钙通道影响花粉管的生长，适宜浓度的钙可以促进花粉细胞生长。赤霉素可以抑制植物体内生长素的分解，降低一些过氧化物酶的活性，使得生长素含量相对增加，赤霉素可以加速细胞的生长，对花粉的萌发与花粉管伸长起到一定的促进作用。低浓度赤霉素加速花粉萌发的生理代谢，促进萌发；高浓度赤霉素则破坏代谢平衡，抑制萌发。此外，温度也是影响植物花粉活性的因素之一，温度是保证花粉细胞生长发育的基本条件，同时也是催化条件，多数花粉的最佳萌发温度为25～30℃。由于生长环境差别较大，不同的植物最适温度不同。

在生产过程中，有许多因素会引起菠萝蜜树不开花。可能是栽培方法不得当的原因，也可能是内在遗传原因，或者由气候因素和生长环境所致。在生产中，常采用下述对策来解决不结果的问题（表4-1）。

表4-1 菠萝蜜不结果的几种原因及解决方法

种类	不结果的原因	解决方法
1	果树缺乏营养元素	补充肥料
2	营养足，因土壤呈酸性，养分不能有效被吸收	施石灰
3	果树生长过于茂盛，造成叶片稠密	通过修剪，剪去部分叶片，增加树冠通透性
4	树苗状况不佳，来自不够成熟的种子或不够好的母株	换种优良品种
5	气候条件和生长环境	除去树苗，用适合的品种代替

对于如何调整果树营养生长和生殖生长的关系，可以通过水肥控制，如氮钾肥的配比调节，适度干旱胁迫。传统的庭院菠萝蜜生产中常见用砍刀砍伤树干皮层至流出乳汁（俗称伤流），目的是切断光合产物向下输送到根系，抑制根系生长，并使这些光合产物积累在枝条上，促进花芽分化，其作用与环割相似。切记不能砍（割）得太深，而以刚到木质部为宜。实施砍伤操作时还须注意刀具的清洁，处理部位应距地面50 ~ 200厘米或更高些；砍伤的方向由下而上，不按顺序砍。此外，刺激菠萝蜜开花结果的方法还有捆铁丝法和钻洞法。

捆铁丝法 对菠萝蜜树捆铁丝的目的在于阻碍从叶部到下部的根、茎形成物质的输送。把经过光合作用产生的物质积累在茎干、树枝上，促进开花结果。通常在离地面0.5 ~ 1米的主干上或离分枝处0.25 ~ 0.5米处用铁线捆紧。待到出现花蕾时再解开铁线。用这种方法没有伤及形成层或木质部系统，风险小又容易操作。缺点是刺激开花有效程度还需较长时间的观察，且结果后要及时解开铁丝。

钻洞法 这是一种快捷促花的方法。此法仅对无病且树龄在28 ~ 30个月或种子种植起有3 ~ 3.5年龄的菠萝蜜树。2—3月进行钻洞，2个月后就会出现花蕾。但需要注意：钻洞用的钻头直径1 ~ 1.5厘米，使用前要清洁工具。钻洞的位置离地面高100 ~ 125厘米，水平钻孔，深度在4 ~ 5厘米，钻孔内装满叶面肥，然后用干净的布或棉花塞孔。

香饮所菠萝蜜研究团队经过前期研究和实践验证提出了一套适度干旱＋修剪＋配方肥的催花方案。催花前修剪直生枝、交叉枝、过密枝、病虫枝和下垂枝，树冠内腔的枝条着重修剪，保持结果枝和冠头部位通风透光，树枝的修剪量达到总树枝的30%~ 35%。修剪后施养树肥（有机肥和钙镁磷肥），同时每株根际喷施高磷钾水溶性复合肥1.0千克，15天后喷施第2次高磷钾水溶性复合肥1.0千克；结合叶背喷施0.2%的磷酸二氢钾溶液和0.1%的硼酸溶液1次，间隔7天后喷施0.1%的螯合钙溶液1次，此操作7天后再进行1次。施肥期间土壤干湿交替，灌溉水的体积为日常管理的30％～35％。该方案在生产实践中显著促进植株开花。

3.疏果

正确地进行疏果，控制每株结果数量，是确保菠萝蜜稳产、优质的一项重要措施。在果实直径6～8厘米时进行人工疏果，疏除病虫果、畸形果等不正常的果实，选留生长充实、健壮、果形端正、无病虫害、无缺陷，着生在粗大枝条上的果实。留果数量也要控制，留果过多易造成树势弱，植株缺素，果实发育不良（图4-36）。一般，菠萝蜜种植2～3年后结果，马来西亚1号等大果形品种，定植第3年结果树每株留1～2个果，第4年每株留3～4个，第5年每株留6～8个，第6年每株留8～10个，之后盛产期每株留12～20个，其高产树结果见图4-37和图4-38；常有木菠萝、四季木菠萝等中小果形品种，定植第3年结果树每株留2～3个果，第4年每株留4～8个，第5年每株留

图4-36　菠萝蜜留果过多，植株缺镁

10 ～ 14个，第6年每株留16 ～ 20个，之后盛产期每株留20 ～ 30个。实际生产中根据植株长势和单果重量适当增减单株留果数量。

图4-37　菠萝蜜高产结果树

图4-38　菠萝蜜高产结果树

4.套袋

菠萝蜜在幼果或成熟果期，经常会招来果蝇等害虫，造成烂果。因此，在幼果长1个月后就要进行包果或套袋。这项工作是在疏果并对果树病虫害防治之初进行。套袋用的材料主要有尼龙网袋、无纺布袋等。用塑料袋时，要留下小孔，利于空气流通。套袋要宽松些，预留果实长大的空间。套袋时不要碰伤果柄，用绳子扎袋口也不要扎得太紧（图4-39）。虽然套袋较费工，但可减少农药的使用，且果皮着色好，是否采用此项措施应根据实际情况来定。

5.修剪

成龄树的修剪可根据树势情况在晴天进行，尤其在果实采收后应重点

图4-39 果实套袋

修剪，修剪原则见幼龄树的管理，以过长枝条、交叉枝、下垂枝、徒长枝、过密枝、弱枝和病虫枝为主要修枝对象，植株高度控制在5米以下，结果树修剪宜轻，对中下部枝条尽量保留，对个别大枝、树冠株间的交接枝条也剪去，使枝叶分布均匀，通风透光（图4-40、图4-41、图4-42）。修剪过重造成树体损

图4-40 修剪树冠株间的交接枝条

伤，树势恢复慢，影响来年产量（图4-43）。树冠枝叶修剪量应根据植株长势而定。一般当枝条直径大于3厘米时，修剪口需涂上防护剂，如油漆或涂白剂。特别注意，在每年台风来临前要加重树体修剪量，尽量减少台风受损面。

图4-41　修剪徒长枝条

图4-42　菠萝蜜采果后修剪

图4-43　修剪过重

>> 第三节　低产低效果园提质增效改造技术 <<

　　由于缺乏分类管理技术，大部分零散果园随着种植年限的增加，普遍出现土壤退化、病虫害发生严重、果园低产低效的现象。由于菠萝蜜属于多年生果树，因此对于这类低产低效果园应考虑分类改造，以便获得最大化的效益。

一、低产低效果园成因分析

　　一是肥水条件差，果园管理粗放，造成果品质量差、效益低（图4-44）。二是栽植时间早、树龄大、树体老化、病虫害严重，导致果树大小年严重、果品质量差、投入大效益低，成本与收入比例失衡（图4-45）。三是品种杂乱，没有优势品种，管理难度大，在销售过程中竞争力弱。四是土壤退化，在生产经营过程中，不注重肥料的均衡施入，大量使用化学肥料，土壤有机质含量降低，土壤结构遭到严重破坏。

图4-44　管理粗放果园

图4-45　树龄大、老化果园

二、低产低效果园改造技术

1.郁闭果园间伐改造技术

对树冠覆盖率超过85%严重郁闭的果园，进行间伐改造。

(1) 遵循的原则　力争减树不减产、效益要提高的目标，分三步实施：一是选定间伐模式逐年分步实施，切忌操之过急；二是因地制宜，因园、因树灵活操作，切忌"一刀切"；三是关键技术和配套措施相结合，间伐、改形过程中要注意伤口保护、花果管理、土肥水管理等配套措施的落实。

(2) 主要技术措施　根据果园的具体栽植密度、树龄、树冠大小、果树病害程度进行间伐模式的选择，可采取"隔行挖行""隔株挖株"或"梅花桩式"三种间伐模式。对于园相较好、株行距整齐的果园可采取隔行和隔株间伐的模式，使栽植密度降低一半。采取这种间伐方式的果园在前两年的修剪过程中要注重界定永久树和临时树，对永久树的主枝修剪采取长放，对临时树的主枝修剪采取回缩，两年后挖除临时树。对腐烂病害相对较多、园相不整齐的果园采用"梅花桩式"间伐模式，先选择挖除病树、弱树，再结合梅花桩式间伐模式确定永久树和临时树，对永久树的主枝修剪采取长放，对临时树的主枝修剪采取回缩，两年后挖除临时树。

(3) 配套措施　间伐后的改形对果树来说是"伤筋动骨"的：一是要注重伤口保护，伤口的保护一定要及时，减少病害的发生；二是加强水肥管理，促进树体生长和伤口愈合；三是间伐当年要以轻剪、长放为主，逐步调减主枝数量、调整树体结构，注重下垂式结果枝组的培养；四是合理负载，按照果树实际负载能力及时进行疏花疏果、定果留果，严格落实各项管理技术措施，提高果实商品率。

2.土壤退化型果园改造技术

对于连年施用化肥、重茬、立地条件差或其他果园土壤问题造成低产低质的果园，应当通过生草覆盖、枝叶还田（图4-46），增施有机肥、土壤改良剂，土壤消毒或限根栽培等方式进行果园改造。果园生草覆盖一般优先选用当地原生草种或豆科和禾本科草种；枝叶还田可在行间开施肥沟，将每年果后修剪的枝条集中放进施肥沟，并撒施一层薄石灰，待晒干后撒施秸秆腐熟菌剂结合施用腐熟有机肥操作，覆土；有机肥优先选择牛、羊等食草动物粪便，经充分腐熟后，秋季以基肥形式施入，同时视土壤养分状况，配施生物肥、复合肥或微量元素肥；酸化、盐碱或土传病虫害较重的果园应结合增施有机肥，针对性施用土壤改良剂、消毒剂等，以提升改造效果。对生产条件适宜的树种、果园，可采用限根栽培方式有计划地分步推进局部或全园改造。

图 4-46　修剪的枝叶还田操作

3.高接换种技术

此法目前在菠萝蜜一类果树上尚未看到十分成熟的案例，且此法长出的枝条不易抗风，未来可能是老品种菠萝蜜更新换代的一种有前景的方法，可以借鉴其他果树上的成熟案例，以下介绍其他果树的高接换种技术。

高接换种时间　于春季生长旺盛期开始进行嫁接，稳定的气温是组织发育的保障，也是保证伤口尽快愈合的重要因素。

接穗选择　嫁接前要定好品种、选好接穗，一般在嫁接前一年修剪时，选择芽体饱满、木质化程度高的春梢枝条作为接穗，接穗长度在30厘米以上，选好接穗储存好，防止失水。

嫁接方法　高接换优方法较多，多采用插皮接操作，嫁接成活率高，应用效果最好。用插皮接进行换头时，将果树从需换头部位剪截，自剪口下将皮层纵切一道接口，长约2厘米，深达木质部。接穗要有2～3个完整的主芽，上端在距主芽0.5～1厘米处剪平，下端从主芽背面下方向下斜削成马耳形，长3～5厘米，背面削3～5毫米，削面要平直光滑，然后，剥开砧木切口，在接口处将接穗插入皮层，使接穗长削面对着木质部，用塑料薄膜带快速绑紧接口。

在果树距地面10～20厘米处平茬，平茬处无病疤，断口处用嫁接刀修光滑。为了节约接穗、降低成本，接穗选用新优品种。断面要用塑料薄膜包扎严，每个接穗再用嫁接带扎紧，每个接穗与断面交接处不能见水，见水后会严重影响组织发育和愈合。

高接后管理有以下内容：

（1）接后要定期入园观察，发现有嫁接枝条失水的要及时进行补接，接穗萌芽后，及时防止病虫危害嫩芽，落实除萌、摘心等工作。

（2）萌芽后及时检查生长情况，及时进行松绑，防止勒伤。针对瞬时风速较大的地块要进行绑扶，防止被风吹折。

（2）加强水肥管理和病虫害防治，高接后果园一定注重水肥管理，施肥时要按照少量多次原则进行，有条件的及时灌水。要注重防治蚜虫、卷叶虫、红蜘蛛、绿盲蝽、早期落叶病等病虫害，保证接口组织愈合和接穗旺盛生长。

4.重茬建园技术

重茬建园是针对树龄较大、根病发生严重、效益严重低下的果园进行的一项技术措施。

挖树、消毒 于当年年底刨除老树，根据土壤墒情，调整土壤湿度，土壤湿度60%～80%为宜，即达到手握成团、手松即散为宜；在整理好的定植沟范围内均匀撒施土壤处理剂（98%棉隆制剂或石灰或石灰+碳酸氢铵），对撒施土壤处理剂后的定植沟再次旋耕，深度在35厘米以上，最少旋耕3次，使土壤处理剂与土壤充分混合。混匀后，用塑料薄膜覆盖定植沟，使用的薄膜厚度应在0.04毫米以上且无破损，四周压实，保证熏蒸效果，直到第二年春季定植幼树前30天去掉薄膜，旋耕通风（每5天旋耕1次栽植沟）。棉隆具有灭杀性，通风不充分，会对新栽植幼树的成活造成影响。

整地、施肥 按株行距错行开挖定植沟宽70厘米、深70厘米，拣出残根。下层土（生土40～80厘米）施入有机肥（以牛羊粪为主，20千克/株）混匀后回填。上层土（0～40厘米）回填后，旋耕、耙平，使土壤松散、没有较大的土块。

苗木品种及栽培模式的选择 针对不同区域选择不同的品种和种植模式，为实现早结丰产和土地的高效利用，种植模式以矮化砧木为主、短枝型为辅。新模式也要新品种。品种选择应结合当地情况，可从品种适应性、品质及市场需求等方面考虑主要推广的新品种。

菠萝蜜施肥技术

　　土壤是作物养分的基本来源，肥料则是作物增产的物质基础。合理施肥是提高作物产量和改善品质的重要农业措施。有句农谚说了作物与肥水的关系：有收无收在于水，收多收少在于肥。可见肥水对农作物增产丰收的重要性，也是农作物正常健壮生长发育不可或缺的物质基础和保障。但是，很多农户在给作物施肥以后却并没有收到应有的施肥效果。究其原因，主要与肥料的品种、质量差异、肥料品种的搭配、作物的施肥时间、施肥方式、作物的长势、种植地块的土壤特性有关。因此，掌握作物对养分的吸收规律并进行合理科学施肥是保障作物稳产高产的重要前提。

>> 第一节　菠萝蜜生长需要的营养元素及其生理功能 <<

　　植物整个生长期内所必需的营养元素是：碳（C）、氢（H）、氧（O）、氮（N）、磷（P）、钾（K）、钙（Ca）、镁（Mg）、硫（S）、铁（Fe）、硼（B）、锰（Mn）、铜（Cu）、锌（Zn）、钼（Mo）、氯（Cl）。其中无机养分：氮、磷、钾、钙、镁等大、中、微量元素，主要依靠施肥的方式来补充。果树生长所需的营养元素中，一部分是细胞结构的组成成分，另一部分则是以离子状态存在，其主要功能是对生命活动起调节作用，有的元素兼有两种功能。这些营养元素的功能不是孤立的，彼此之间有着相互影响、相互制约的关系，也就是说，每个元素的生理作用，都不能脱离当时的环境条件和其他营养元素的相互作用来解释，而某一营养元素盈亏的评定，又常与树体中激素的水平、酶的活性相关联。元素与元素间的相互作用是多方面的，例如，在植物体内锰和铁、钾和钙都有拮抗作用，施用铵盐可能减少钙的吸收，而施用磷肥又能增加钼的吸收，尿素与锌盐混合喷施能增加锌的吸收等。因此，对各营养元素的生理功能要予以全面衡量。

一、植物所需无机养分的生理功能及丰缺症状

1.氮（N）

生理功能 氮是果树生长需要量最多的营养元素之一。氮是蛋白质的主要成分，又是叶绿素、维生素、核酸、酶和辅酶系统、激素以及树体中许多重要代谢有机化合物的组成成分。它不仅起到营养元素作用，还能起到调节激素作用，是生命物质的基础。氮对茎叶的生长和果实的发育有重要作用，是与产量最密切的营养元素。

缺氮症状 缺氮时，植物生长矮小，分枝、分蘖很少，叶片小而薄，花果少且易脱落；缺氮时影响叶绿素的合成，使枝叶变黄（图5-1，从左到右代表缺氮老叶、成熟叶、新展开嫩叶，正常老叶、嫩叶，下同），叶片早衰，甚至干枯，从而导致产量降低；因为植物体内氮的移动性大，老叶中的氮化物分解后可运到幼嫩的组织中去重复利用，所以缺氮时叶片发黄，并由老叶开始逐渐向新叶发展。

缺氮　　　　　　　　　　　　　　　　　正常

图5-1　菠萝蜜叶片缺氮与正常叶片比较

氮素过多的症状 树体徒长，叶面积增大，叶色浓绿，叶片下垂；茎秆软弱，抗病虫、抗倒伏能力差；根系发育不良，根短而少，早衰。

2.磷（P）

生理功能 磷是核酸、磷脂的重要成分，能促进花芽分化、果实发育和种子成熟，提高果实质量。增施磷肥能改善根系吸收能力，促进新根生长，提高树体抗逆性和抗病性。磷能促进枝条成熟，提高果实品质，增加香气物质，减少含酸量。

缺磷症状 生长停滞，植株瘦小，分枝减少，幼芽、幼叶生长停滞，茎、根纤细，植株矮小，花果脱落，成熟延迟；叶呈暗绿色或紫红色，无光泽，叶子呈现不正常的暗绿色或紫红色（图5-2）；缺磷时老叶中的磷能大部分转移到

图5-2　菠萝蜜叶片缺磷症状

正在生长的幼嫩组织中去。因此，缺磷的症状首先在下部老叶出现，并逐渐向新叶发展。

磷素过多的症状　茎叶生长受到抑制，引起植株早衰；叶片肥厚而密集，繁殖器官过早发育；磷素过多引发的症状，常以缺锌、缺铁、缺镁等失绿症表现出来。

3. 钾（K）

生理功能　钾在树体内以离子形式存在，是酶的活化剂。钾在碳水化合物代谢、呼吸作用以及蛋白质代谢中起重要作用。促进蛋白质与糖的合成，并能促进糖类向贮藏器官运输；促进光合作用；构成细胞渗透势的重要成分，使植物经济有效地利用水分和提高植物的抗性；提高植物对干旱、低温、盐害等不良环境的耐受能力和对病虫、倒伏的抵抗能力。钾常被认为是"品质元素"，可促进果实着色，提高果实中糖、维生素含量，改善糖酸比，提升果实风味。

缺钾症状　抗性下降。缺钾时植株茎秆柔弱，易倒伏，抗旱、抗寒性降低；先从老叶的尖端和边缘开始发黄，并渐次枯萎，叶面出现小斑点，进而干枯或呈焦枯状，最后叶脉之间的叶肉也干枯，并在叶面出现褐色斑点和斑块，生长缓慢，但由于叶中部生长仍较快，所以整个叶子会形成杯状弯曲，或发生皱缩，老叶先表现病症（图5-3）。钾也是易移动而可被重复利用的元素，故缺素病症首先出现在下部老叶。

钾素过多的症状　一般不会出现钾过剩，钾过剩主要是过量施用钾肥所致。钾过量阻碍植株对镁、锰、锌的吸收而出现缺镁、缺锰、缺锌症状。

4. 钙（Ca）

生理功能　稳定细胞膜结构，调节膜的渗透性，维持细胞膜的功能；在作物体内以果胶酸钙的形态存在，增强细胞间的黏结作用，是细胞分裂所必需的成分；钙能中和作物代谢过程中形成的有机酸，有利于作物的正常代谢；降低果实的呼吸作用，增加果实硬度，提高耐贮藏性。

图5-3 菠萝蜜叶片缺钾症状

缺钙症状 植株生长受阻，节间缩短，植株矮小；植株顶芽、侧芽、根尖等分生组织容易腐烂死亡，幼叶卷曲畸形（图5-4）；果实生长发育不良（由于果实的蒸腾量较小，缺钙时较易在果实上出现症状）。

钙素过多的症状 钙素过多时土壤易呈中性或碱性，引起铁、锌、锰等微量元素缺乏。

图5-4 菠萝蜜叶片缺钙症状

5.镁（Mg）

生理功能 镁是叶绿素和植素的组成成分，与植物的光合作用有直接关系。镁在磷酸代谢、氮元素代谢和碳素代谢中能活化多种酶，起到活化剂作用，能促进糖类的转化及其代谢过程，对碳水化合物的代谢、作物体内的呼吸作用均有重要作用；镁能促进脂肪和蛋白质的合成，促进维生素A和维生素C

的形成，提高果品的品质。镁在树体内可迅速流入新生器官，幼叶比老叶含量少，枝条或叶片中的镁又能迅速转移到幼果中，果实成熟后镁又能流入到种子中。

缺镁时，叶绿素不能形成，光合作用无法进行。镁是多种酶的活化剂，能加速酶促反应，能促进糖类的转化及其代谢过程，对碳水化合物的代谢、作物体内的呼吸作用均有重要作用；镁能促进脂肪和蛋白质的合成，促进维生素A和维生素C的形成，提高果实品质。

缺镁症状 植株矮小，生长缓慢；果实小或不能发育；先在叶脉间失绿，叶脉仍保持绿色，还会出现褐色或紫红色斑点或条纹（图5-5）；症状先在老叶出现，特别是老叶尖先出现（图5-6）。

镁素过多的症状 叶尖凋萎、色淡，叶基部色泽正常。

图5-5 菠萝蜜叶片缺镁症状

图5-6 田间菠萝蜜叶片缺镁症状

6.硫（S）

生理功能 硫是构成蛋白质、氨基酸、维生素和酶的组成成分，是多种酶和辅酶及许多生理活性物质的重要成分。参与作物体内的氧化还原过程，影响呼吸作用、脂肪代谢、氮代谢、光合作用以及淀粉的合成；是固氮酶的组成成分，影响果实发育。在蛋白质合成中，硫与氨有密切关系，缺硫时，蛋白质形成受阻，甚至使非蛋白态氮积累而影响产量，并使果实品质变劣。叶绿素中虽不含硫，但硫对叶绿素形成有很大影响，缺硫时，叶绿素含量降低而叶色失绿变黄，主要症状是新叶呈黄色，严重时几乎为白色，又因硫在树体内移动性不大，缺硫症状首先发生在幼嫩部位。

缺硫症状　与缺氮症状有些相似，但作物体内硫不易移动，故缺硫症状首先在幼叶出现；植株生长受阻，植株矮小，茎细、僵直，叶片褪绿或黄化（图5-7）。

图5-7　菠萝蜜叶片缺硫症状

硫素过多的症状　在通气不良的水田，可发生根系中毒、发黑。

7.铁（Fe）

生理功能　铁虽然不是叶绿素的成分，但铁元素不足时，会使叶绿素的合成受到阻碍，叶片发生失绿现象，影响光合作用和碳水化合物的形成，是光合作用必不可少的元素；是植物有氧呼吸不可缺少的细胞色素氧化酶、过氧化氢酶、过氧化物酶等的组成成分；铁氧还蛋白是一个含铁的电子转移蛋白，存在于叶绿体中（植物体内全铁的80%含在叶绿体中），参与了光合作用、硝酸还原、生物固氮等的电子传递。

缺铁症状　作物体内的铁不能再度利用，缺铁症状从幼叶开始；作物缺铁时，主要是叶绿素受到破坏，叶脉间失绿，叶脉仍为绿色，严重时，整个新叶变为黄白色（图5-8）。

铁素过多的症状　地上部生长受阻，下部老叶叶尖、叶缘脉间出现褐斑，叶色深暗。铁中毒常与缺钾及其他还原性物质的危害联系在一起，单纯的铁中

图5-8　菠萝蜜叶片缺铁症状

毒很少，所以，旱作土壤一般不会发生铁中毒。

8.硼（B）

生理功能　硼不是树体内的结构成分，硼在土壤中和树体内都呈硼酸盐的形态（BO_3^{3-}）存在。它对碳水化合物的运转、生殖器官的发育都有重要作用。硼参与分生组织的细胞分化过程。硼能促进授粉受精，提高坐果率改善果实品质。

缺硼症状　顶端生长点不正常或停滞生长，幼叶畸形，皱缩，叶脉间失绿，下部叶片加厚，叶色加深，植株矮小（图5-9）。在植物体内含硼量最高的部位是花，因此缺硼常表现为"花而不实"，花期延长，结实差，果实畸形，果肉有木栓化或干枯现象。

硼中毒的症状　硼在植物体内随蒸腾流移动，水分蒸腾散失时，硼聚集

图5-9　菠萝蜜叶片缺硼症状

在叶液中，高浓度硼积累的部位出现失绿、焦枯、坏死症状；叶缘最易积累，所以硼中毒最常见的症状之一是作物叶缘出现规则的黄边；老叶中硼积累比新叶多，症状也比老叶严重。

9.锰（Mn）

生理功能　锰是维持叶绿体结构必需的营养元素，能促进作物的光合作用；催化许多呼吸酶活性，参与呼吸作用，参与硝酸还原过程，促进种子萌发及幼苗早期生长，还能促进多种作物花粉管伸长。

缺锰症状　锰在作物体内不能再利用，植株缺锰症状首先表现在幼叶，呈现为叶片的叶绿素减少，叶脉之间失绿，而叶脉和叶脉附近仍然保持绿色（图5-10）。

图5-10　菠萝蜜叶片缺锰症状

锰中毒的症状　根色变褐，根尖损伤，新根少；叶片出现褐色斑点，叶缘白化或变成紫色，幼叶卷曲。锰中毒多发生在酸性土壤。

10.铜（Cu）

生理功能　作物体内多种氧化酶的组成成分，如多酚氧化酶、抗坏血酸酶、吲哚乙酸氧化酶等，在催化氧化还原反应方面起着重要作用；是叶绿体蛋白-质体蓝素的组成成分，参与植物的光合作用；参与蛋白质和碳水化合物合成。

缺铜症状　叶片失绿，顶梢枯死，果实小，果肉变硬，称之为"顶枯病"。

铜中毒的症状　新根生长受抑制，伸长受阻且畸形，须根少，严重时根尖枯死；铜过量会导致缺铁而出现叶片黄化。

11.锌（Zn）

生理功能　锌可影响树体氮素的代谢。锌是谷氨酸脱氢酶、碳酸酐酶等的组成成分，叶片进行光合作用与合成叶绿素都要有锌，否则叶绿素合成受到抑制，叶片会发生黄化。参与生长素（吲哚乙酸）的合成，吲哚乙酸对分生组织的生长起重要作用；是植物体内多种酶的组成成分，如谷氨酸脱氢酶、苹果酸脱氢酶、磷脂酶等在植物体内物质水解、氧化还原过程和蛋白质合成中起作用；增强作物的耐寒性、耐热性、耐旱性和抗盐性；促进作物生长发育，改变果实与茎秆的比例，增加作物的经济产量，提高作物品质。

缺锌症状　锌在植株中不易移动，多表现在幼嫩器官，作物缺锌多表现为：生长延缓，植株矮小，叶片失绿，有灰绿或黄白斑点，叶小，呈簇生状，根系不发达（图5-11）。

图5-11　菠萝蜜叶片缺锌症状

锌中毒的症状　植株幼嫩部分或顶端失绿，呈淡绿或灰白色，叶尖有水渍状斑点；茎、叶柄、叶片的下表面出现红紫色或红褐色斑点；根系生长受阻。

12.钼（Mo）

生理功能　钼是固氮酶中铁钼蛋白的重要组成成分，在生物固氮中具有重要作用；是硝酸还原酶的组成成分，参与硝酸还原过程；参与磷酸代谢，促进无机磷向有机磷转化；促进植物体内维生素C的合成；增强植物抵抗病毒病的能力。

缺钼症状　缺钼往往先在中部和较老叶片上呈现黄绿色；叶片边缘枯焦卷曲成环状、杯状，叶子变小，叶面带有坏死斑点（由硝酸盐积累所致）。

钼过剩症状　作物钼过剩，在形态上不易表现。

13.氯（Cl）

生理功能　氯参与光合作用中水裂解，促进氧气释放，有利于碳水化合物的合成和转化；促进细胞分裂。

缺氯症状　叶子、叶尖干枯、黄化、坏死；根系生长慢，根尖粗。

氯过剩症状　菠萝蜜烧根、死苗，果实品质下降。

二、植物缺素症的预防和补充

1. 土壤和植株叶片养分检测

定期进行土壤和植株叶片养分检测，了解土壤和叶片中的营养元素含量，为施肥提供依据。

2. 合理施肥

根据作物需求和土壤状况，选择合适的肥料种类和施肥量，避免过量或不足。化肥虽然养分含量高，但是养分单一，而农家肥不仅肥效持久，而且营养物质全面，在有机质含量丰富的土壤上植物不容易出现"缺素症"。农家肥除了养分齐全外，还能改良土壤，增加土壤微生物多样性，促进养分的循环周转，使土壤保水保肥的能力增强。要注意的是，农家肥一定要充分腐熟后才能施用，未腐熟的农家肥不仅易使作物遭受病虫危害，而且还容易导致作物烧根。施肥时间：根据作物的生长阶段和需求，合理安排施肥时间，确保能够及时补充营养元素。

3. 避免单一化栽培

在同一块土地上常年种植同一种作物，易导致土传性病菌不断积累，而且还容易导致营养元素不均衡消耗，土壤中的矿物质元素一旦失去平衡，作物就容易出现缺素症，因此，同一块土地上可通过轮作和间作绿肥或适宜的作物，改善土壤结构，增加地上部作物的多样性，进而增加土壤碳源的多样性，丰富土壤微生物多样性，提高土壤生物肥力。

4. 出现缺素症时及时喷叶面肥

为了减少损失，当作物缺素（尤其是微量元素）时可以及时喷洒叶面肥，叶面肥具有吸收快、用量省、作用强的特点，可以有效地缓解作物脱肥的现象。氮元素虽然植株需求量大，但是切不可偏施氮肥，偏施氮肥会导致植株徒长，抗性弱，结果少。磷肥在土壤中移动缓慢，因此宜作基肥（磷酸二铵条施或者穴施，尽量增加与根系接触的机会）或者缺乏时做叶面肥施用，如缺磷或者缺钾时，可以喷磷酸二氢钾叶面肥。钾肥可以作底肥施用，也可以作追肥施用，像果实的膨大期是需钾的高峰期，可撒草木灰或者喷草木灰浸出液补充钾。作物缺钙时，可以喷糖醇钙叶面肥。缺镁时可叶面喷施硫酸镁或硝酸镁。当作物缺铁时，可以喷螯合态铁、硫酸亚铁叶面肥。铁元素过量会产生铁中毒，易被土壤固定，应少量多次、叶面喷雾。作物表现出缺锰症状时，可叶片喷施螯合态锰、硫酸锰、碳酸锰、氯化锰、氧化锰。缺铜时可叶片喷施硫酸铜、氧化铜、螯合态铜。在砂地、瘠薄山地或土壤冲刷较重的果园中，土壤含锌盐少且易流失，而在碱性土壤中锌盐常转化为难溶状态，不易被植物吸收，另外，土壤过湿，通气不好，降低根吸收锌的能力，易发生缺锌症，可叶片喷施螯合态锌、硫酸锌、氧化锌、氯化锌。山地果园、河滩砂地或砂砾地果园，土壤中的硼和盐类易流失，易发生缺硼症。另外，土壤过干、盐碱或过酸，化学氮肥过多时也能造成缺硼，可以喷流体硼（硼砂、硼酸、硼镁肥）叶面肥。

在给作物施肥时，如果施肥距离过近、施肥浓度过大，都容易引发肥害，作物发生肥害后可叶面喷雾0.01%芸苔素3 000倍液，可有效缓解肥害，并能快速恢复植株生长。

三、植物所需有机营养及调控措施

果树的组织和器官中的干物质（主要是糖类）90%以上来源于光合产物，称为有机营养。果树有机营养的合成积累主要依靠叶片吸收光能生成。光是果树制造有机营养不可缺少的条件，叶片光合功能越强，碳、氢、氧的利用率就越高，果实对干物质的吸收积累就越多。果树光合能力的强弱，决定了果树果实的好坏与产量的高低。果树生长越旺盛，需要的有机营养就越多；树体内有机营养合成减少或停止，果树生长缓慢。在果实发育过程中，随着幼果的加速生长，对碳水化合物（糖分）和含氮有机物（氨基酸、蛋白质等）的需求不断增加。果树叶片利用太阳光能将简单的无机物（二氧化碳和水）转变成复杂的有机物（糖分等）并输送到果实，并将光能转化成化学能贮藏在光合作用合成的有机物中，用于果树的生长和发育。当果实进入成熟阶段，提升果树的光合速率，加快叶绿素的消褪以及花青素的合成，从而加快果实着色。并有利于淀粉、蔗糖、糖磷酸酯及其他糖类的合成，快速输送到果实中，从而增加果实的含糖量，提高果实糖酸比。因此，果树增产提质的重要途径是充分利用太阳光，增强果树的光合速率。而果树净光合速率的日变化受温度、光照、水分等外界环境，以及品种、叶龄叶位、光合色素、叶片组织结构等自身生长发育状况的影响。总结增强果树的光合作用的措施主要有以下几点：

1. 采用矮小树冠，改善光照条件

喜光型果树在受光量60%以上能生产优质果实。果实品质和结实能力与果树的受光量成正比，即果树受光量越高，果实品质越好、果树结实能力越强。而高大树冠的受光量只占矮小树冠的75%，所以矮小树冠光合效能因高于高大树冠而丰产优质。

2. 疏花疏果，叶果比例平衡

减少果实负荷量，充分发挥叶片的光合效能。采用疏花疏果的措施，使枝叶和果实的比例平衡，保证果实的良好发育及果实在树冠内的合理分布。

3. 采后修剪，最大限度地提高果树光合作用，有利于果树通风透光

修剪时，将果树主干上部的挡光枝、主枝上部的枝，徒长枝、旺长枝利用空间拉下，无空间剪除。剪除主干及主枝基部的新生枝条，使树体内膛通风透光。秋剪为树体打开光路，调整枝间光照，减轻果树不必要的营养消耗，增强光合作用，增加果树营养积累，使树体健壮。生长较旺的果树，中后期枝条过量，造成树冠郁闭，需控制肥水，并通过秋季修剪适当控制生长。通过秋剪，改善树形，提高光合效率（减少有机物质消耗），使树体自身调节二次营养分配，最大限度提高花芽分化质量和果实品质。

4. 合理密植，增加叶数，扩大前期叶面积

果园产量在一定范围内与叶面积系数成正相关。果树花芽分化期，叶面积大，形成的花芽就饱满，坐果率高；反之叶片小而薄，花芽形成的数量就少，质量也差。果树开花前追施含氮速效肥料，有效减少生理落果，促进新梢生长，扩大叶片面积。秋季施肥和修剪，提高树体的营养水平，有利于新梢的营养生长，增加叶片数量，有利于早期叶面积的加速形成和扩大，从而提高果树早期叶片的光合能力，缓和中期果树生长和果实发育的矛盾，并为中、后期果实发育和花芽分化奠定物质基础。

5. 延迟叶片衰老，延长叶片功能期

及时补充叶片所需的各种微量元素，保护好叶片功能，制造更多有机物。根外追肥能迅速提升树体营养水平，可于需肥关键期，如梢期、花果期、果实膨大期等，叶面喷施尿素、磷酸二氢钾和中微量元素肥，满足果树、果实对营养元素的需求，保叶保果。另外，叶面喷施尿素和赤霉酸，可以有效延迟叶片的衰老。

6. 及时清除老弱病残叶，减少营养损耗

在果树管理后期，适当摘除老叶、残叶和病叶，可以降低叶片的呼吸作用而造成的有机养分消耗，以增加果树花芽分化与果实发育的营养供应。

7. 防治病虫害

防治害虫危害叶片以及因缺铁引起的黄叶病、缺硼引起的缩果病、缺锌引起的小叶病、叶功能降低引起的早期落叶病等生理性病害。更好地保护叶片，使其正常发育生长，制造更多的有机营养养分。

8. 提高土壤有机质含量

土壤有机质矿质化过程分解以及微生物和根系呼吸作用产生的二氧化碳，

为果树光合作用提供丰富的碳素营养，可通过增施有机肥和多样化种植模式增加土壤有机质来源。光合作用合成、积累的有机物是优质的营养养分，为果树产量的提高提供了能量保障。

>> 第二节 菠萝蜜养分需求规律 <<

一、植物营养吸收规律

1.不可替代律

植物的每一种必需营养元素都有特殊的功能，不能被其他元素所代替。

2.同等重要律

不同的必需营养元素对植物的生理和营养功能各不相同，但对植物生长发育都是同等重要的。

3.最小养分律

作物产量主要受土壤中相对含量最少的养分所控制，作物产量的高低主要取决于最小养分补充的程度，最小养分是限制作物产量的主要因子，如不补充最小养分，其他养分投入再多也无法提高作物产量。

4.报酬递减律

在其他技术条件相对稳定的条件下，在一定施肥量范围内，作物产量随着施肥量的增加而增加，但单位施肥量的增产量却呈递减趋势。施肥量超过一定限度后将不再增产，甚至造成减产。

5.养分归还学说

植物从土壤中吸收养分，每次收获必从土壤中带走某些养分，使土壤中养分减少。要维持地力和作物产量，就要归还植物带走的养分。

二、菠萝蜜养分吸收规律及矿质营养元素营养诊断范围

从图5-12的结果来看，P和K含量的变化较为稳定，1—3月为海南菠萝蜜花芽分化期，生产上施用攻花肥，因此，此阶段的P、K含量波动较大，而叶片N含量在花芽分化期随着攻花肥的施用呈上升趋势，之后又向膨大成熟果实转移，在7月采果后施用养树肥，此时叶片氮元素又逐渐增加。从表5-1和表5-2数据可以看出，不同施氮量和施钾量对菠萝蜜幼苗生长和干物质量积累有显著差异，需要根据菠萝蜜养分吸收规律确定适宜施肥量。

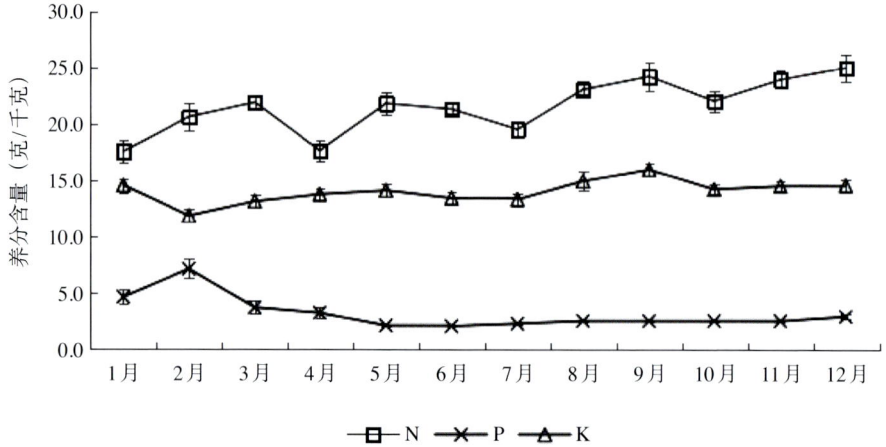

图5-12 菠萝蜜叶片N、P、K含量的周年变化

表5-1 不同施氮水平菠萝蜜幼苗生长指标变化（磷钾肥正常施用）

氮肥用量	株高（厘米）	茎粗（毫米）	叶面积（厘米^2）	叶干重（克）	茎干重（克）	根干重（克）	根冠比（%）
0克/株	22.00±1.00c	4.40±0.17c	122.40±17.19a	2.86±0.06b	1.17±0.09c	1.98±0.43a	0.49±0.09a
5克/株	37.83±0.76a	5.72±0.25a	151.78±24.07a	4.61±0.44a	2.41±0.09a	1.11±0.12b	0.16±0.01b
10克/株	28.00±2.00b	5.24±0.10b	126.21±16.96a	2.23±0.64bc	1.36±0.10b	1.58±0.15ab	0.46±0.12a
15克/株	15.00±1.50d	4.25±0.16c	78.20±29.08b	1.73±0.29c	1.18±0.07c	1.96±0.72a	0.66±0.16a

表5-2 不同钾肥水平菠萝蜜幼苗生长指标变化（氮磷肥正常施用）

钾肥用量	株高（厘米）	茎粗（毫米）	叶干重（克）	茎干重（克）	根干重（克）	根冠比（%）	SPAD
0克/株	65.33±2.38b	7.93±0.16b	14.86±0.13b	7.45±0.11b	4.20±0.03e	0.19±0.00e	63.78±1.84a
8克/株	81.93±2.10a	9.26±0.35a	16.90±0.20a	11.67±0.27a	13.87±0.11a	0.49±0.01c	63.08±1.75a
12克/株	71.18±2.43b	8.35±0.33b	9.78±0.31c	5.72±0.10c	9.89±0.10b	0.64±0.01b	62.90±0.92a
16克/株	67.95±0.94b	8.44±0.20b	8.37±0.10d	5.88±0.10c	4.60±0.09d	0.32±0.01d	63.37±0.76a
20克/株	52.38±1.78c	6.81±0.13c	5.27±0.06e	3.50±0.10d	7.20±0.05c	0.82±0.01a	57.30±0.68b

如图5-13所示，菠萝蜜叶片Ca含量变化较大。花芽分化期施用攻花肥，

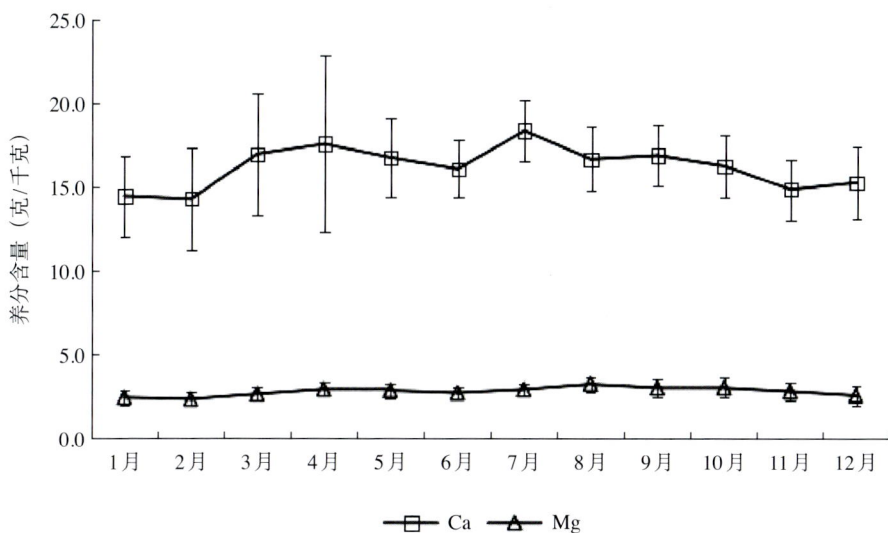

图5-13　菠萝蜜叶片Ca、Mg含量的周年变化

叶片Ca含量不断积累，呈上升趋势。5—6月为膨果期，Ca元素转移到果实中，叶片Ca元素含量不断下降。菠萝蜜叶片Mg含量在整个生育期变化幅度较小。

　　菠萝蜜叶片Fe含量变化不大（图5-14），在花芽分化期呈上升趋势，在果实膨大期呈下降趋势，在养树期随着养树肥的施用，叶片Fe含量得到明显补充。菠萝蜜叶片Mn含量在花芽分化期呈上升趋势，在膨果期短暂下降后又上升

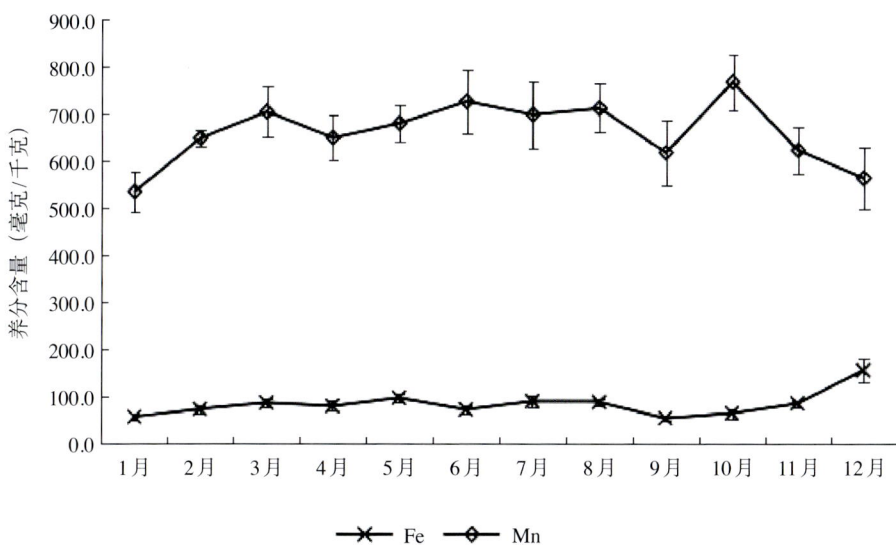

图5-14　菠萝蜜叶片Fe、Mn含量的周年变化

至较平稳的水平，在采果后急剧下降，随着养树肥的施用显著上升后又下降。

菠萝蜜叶片Cu含量在花芽分化期呈上升趋势（图5-15），膨果期短暂下降后又随着膨果肥的施用得到补充，采果后又显著下降，随着养树肥的施用含量又得到补充。菠萝蜜叶片Zn含量变化明显。1—3月为海南菠萝蜜花芽分化期，叶片中Zn含量先下降，随着攻花肥的施用呈上升趋势。果实膨大期Zn元素含量迅速下降，随着膨果肥的施用含量得到补充。采果后Zn含量急剧下降至较平稳的状态。

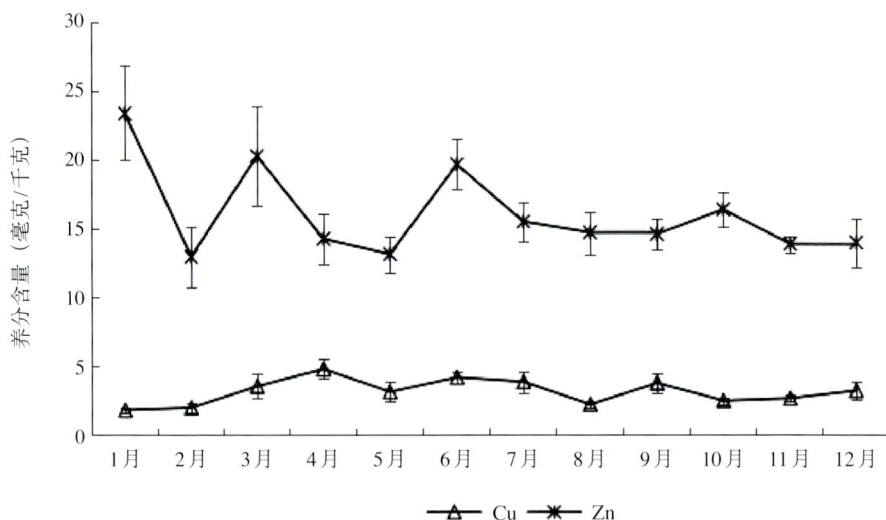

图5-15　菠萝蜜叶片Cu、Zn含量的周年变化

在比较了离年均大小和变异系数后，明确了菠萝蜜叶片矿质营养元素适宜诊断时间为养树期。采用标准值法确立了菠萝蜜叶片营养诊断适宜值范围见表5-3。可以在此时期采集菠萝蜜成熟叶片进行养分含量测定并与参考范围进行比较，指导生产施肥。

表5-3　马来西亚1号菠萝蜜叶片养分吸收规律及矿质营养元素营养诊断范围

单位：克/千克

元素	元素年均含量	营养诊断范围
N	21.59±1.89	20.87 ~ 23.71
P	3.13±0.57	1.97 ~ 2.25
K	14.03±1.97	13.56 ~ 18.48
Ca	16.27±4.18	14.84 ~ 17.32
Mg	2.86±0.79	2.27 ~ 3.97

（续）

元素	元素年均含量	营养诊断范围
Fe	86.88±17.48	55.96 ~ 82.60
Mn	661.72±91.92	578.08 ~ 802.96
Cu	3.22±0.90	2.97 ~ 4.40
Zn	16.15±3.16	14.13 ~ 19.51

>> 第三节　土壤养分分级等级标准 <<

　　土壤养分分级标准主要针对有机质、全氮、速效氮、速效磷和速效钾的含量进行分级，每种级别对应不同成分的含量不同。在实际工作中，可以参照这个标准进行测试分析，以了解土壤的真实肥力情况，指导施肥工作的开展。

　　有机质是土壤肥力的标志性物质，其含有丰富的植物所需要的养分，调节土壤的理化性状，是衡量土壤养分的重要指标。它主要来源于有机肥和植物的根、茎、叶的腐化变质及各种微生物等，作为土壤肥力的重要标志，有机质含量的高低直接影响土壤的肥力。

　　全氮　土壤中含有全部氮素的量，是评价土壤肥力的一个重要指标。

　　碱解氮　土壤中能够被作物直接吸收利用的有效氮部分。

　　速效磷　指土壤中能迅速释放供作物吸收的磷素。

　　速效钾　指土壤中能迅速释放供作物吸收的钾素。

　　土壤养分分级等级标准共五级，且五级为最低，一级为最高 [摘自国家地质矿产行业标准《土地质量地球化学评价规范》（DZ/T 0295-2016）]（表5-4），土壤 pH 分级见表 5-5，土壤阳离子交换量分级见表 5-6。

表5-4　土壤中氮、磷、钾等养分指标全量与有效量等级划分标准

指标	一等（丰富）	二等（较丰富）	三等（中等）	四等（较缺乏）	五等（缺乏）
全氮（克/千克）	>2	>1.5 ~ 2	>1 ~ 1.5	>0.75 ~ 1	≤0.75
全磷（克/千克）	>1	>0.8 ~ 1	>0.6 ~ 0.8	>0.4 ~ 0.6	≤0.4
全钾（克/千克）	>25	>20 ~ 25	>15 ~ 20	>10 ~ 15	≤10
有机质（克/千克）	>40	>30 ~ 40	>20 ~ 30	>10 ~ 20	≤10
碳酸钙（克/千克）	>50	>30 ~ 50	>10 ~ 30	>2.5 ~ 10	≤2.5
有效硼（毫克/千克）	>2	>1 ~ 2	>0.5 ~ 1	>0.2 ~ 0.5	≤0.2

（续）

指标	一等 （丰富）	二等 （较丰富）	三等 （中等）	四等 （较缺乏）	五等 （缺乏）
有效铜（毫克/千克）	＞1.8	＞1～1.8	＞0.2～1	＞0.1～0.2	≤0.1
有效钼（毫克/千克）	＞0.3	＞0.2～0.3	＞0.15～0.2	＞0.1～0.15	≤0.1
有效锰（毫克/千克）	＞30	＞15～30	＞5～15	＞1～5	≤1
有效铁（毫克/千克）	＞20	＞10～20	＞4.5～10	＞2.5～4.5	≤2.5
有效锌（毫克/千克）	＞3	＞1～3	＞0.5～1	＞0.3～0.5	≤0.3
有效硅（毫克/千克）	＞230	＞115～230	＞70～115	＞25～70	≤0.25
有效硫（毫克/千克）	＞30	＞16～30	≤16	—	—
有效钙（毫克/千克）	＞1 000	＞700～1 000	＞500～700	＞300～500	≤300
有效镁（毫克/千克）	＞300	＞200～300	＞100～200	＞50～100	≤50
碱解氮（毫克/千克）	＞150	＞120～150	＞90～120	＞60～90	≤60
速效磷（毫克/千克）	＞40	＞20～40	＞10～20	＞5～10	≤5
速效钾（毫克/千克）	＞200	＞150～200	＞100～150	＞50～100	≤50

表5-5　土壤pH分级

分级	强酸性	酸性	中性	碱性	强碱性
pH	＜5.0	5.0～＜6.5	6.5～＜7.5	7.5～＜8.5	≥8.5

表5-6　阳离子交换量分级

等级	阳离子交换量（毫克当量/100克土）	保肥性能
1	＞20	强
2	10～20	中
3	＜10	弱

　　同一养分指标，所用的测定方法不同，得出的结果也会出现差异，所以每一养分指标需要标注测定方法，以方便进行比较。

　　土壤养分等级高的，一般可以不施肥或少施肥，在一定时间内也能维持高产。但需要结合作物各时期的养分需求量考虑在特定时期进行养分补充。土壤养分等级中等的，应根据田间试验结果合理施肥，才能增产。土壤养分等级低的，一般施肥的增产效果较为显著。由于不同作物所需养分不同以及不同土壤的养分供应特性不同，因此，对于不同土壤和不同作物来说，确定土壤养分等级的具体指标也有差异。

>>　第四节　土壤养分供应规律　<<

　　土壤养分是指土壤中所含有的供植物生长所需要的各种营养元素。包括大量元素氮、磷、钾，中量元素钙、镁、硫，微量元素硼、铜、锰、钼、铁、锌、氯等。植物在生长过程中需要的大部分营养元素均来自土壤。其含量因土壤类型和地区而异，主要取决于成土母质类型、有机质含量和人为因素的影响。其有效性取决于它们的存在形态。土壤养分形态不是固定不变的，其形态转化包括化学转化、物理化学转化、生物化学转化等。在自然土壤中，土壤养分主要来源于土壤矿物质和土壤有机质，其次是大气降水、坡渗水、地表径流和地下水。在耕作土壤中，土壤养分还来源于施肥和灌溉。土壤养分是作物摄取养分的重要来源之一，在作物的养分吸收总量中占很高的比例。

一、土壤养分的形态

　　土壤中养分物质存在的形态即为土壤养分的形态。根据在土壤中存在的化学形态可分为有机态和无机态两大类。植物以吸收无机态养分为主，吸收有机态养分较少。

　　土壤养分按照其存在的状态可分为三种类型：

　　水溶态养分　土壤溶液中溶解的离子和少量的低相对分子质量有机化合物。

　　吸附态养分　即吸附在土壤颗粒或矿物表面，易于交换而释放的养分。

　　固相状态养分　即存在于土壤矿物和有机质及难溶性盐类中的养分，大多数是被固定的或难溶性的，有少量是弱酸溶性的。

　　按其对作物的有效程度，又可分为三种类型：

　　速效性养分（亦称有效养分）　大多数是无机离子形式存在于土壤水中的，可以直接被植物吸收。

　　缓效性养分　主要是一些不溶于水也不能直接被作物吸收，但是在分解过程中可以缓慢地释放出来被植物吸收的养分。

　　迟效性养分　这个基本上是土壤中的储备养分，不能被作物直接吸收利用，需要长期的风化才能释放的，对当下的作物来说是几乎无法利用的养分。

二、土壤养分分类

　　可分为有机养分和无机养分：

　　有机养分　土壤有机质或微生物残体所含的养分。这些养分不能直接供植物吸收利用，属难溶性养分的范畴。有机养分只能分解后才能释放出养分，但比难溶性矿质养分容易释放，其分解速度主要受环境条件和微生物分解活性的影响。

　　无机养分　与有机养分对应，主要指无机态的单质或化合物的养分。通常指不含碳元素的养分，但包括碳的氧化物、碳酸盐等。在土壤原有养分和化学肥料中，无机养分占相当大的比例。土壤中的有机质也会通过矿化作用释放无机养分。与有机养分相比，无机养分在土壤中的迁移运输能力更强，易于被作物吸收利用，也易于造成养分的损失。

三、土壤中各种养分的来源

　　碳、氢、氧是果树需要养分中的主要组成成分，其总和约为干重的95%，存在于多种有机化合物中。碳元素主要来自空气中的二氧化碳和土壤中的二氧化碳，氢元素和氧元素主要来自水和空气。总之碳、氢、氧元素，一般情况下不需要人为施用，只需要保持果园土壤不板结，植株生长正常，即可自行调节。

1.氮

　　主要来源：经过土壤中有益微生物——固氮菌群（包括根瘤菌、固氮菌）将空气中的氮和土壤中的氮，转化为含氮化合物，供植物合成蛋白质；天然降水将空气中的氮溶解在降水中供植物所需；土壤中动、植物残体及土壤微生物残体，再经土壤微生物分解，转化合成含氮化合物；通过人工施入氮肥。土壤中氮素的形态可分为有机态氮和无机态氮两大类。土壤中的氮绝大部分以有机态存在，其中大多数是不能直接吸收利用的含氮化合物，它们必须经微生物分解，转变为无机态氮后才能被作物利用。土壤中的无机态氮很少，一般只占总氮量的1%～2%，常以铵态氮（NH_4^+－N）、硝态氮（NO_3^-－N）形式存在。无机态氮容易从土壤中淋失和挥发，亦能被土壤黏土矿物和有机质固定，所以土壤中有效氮常处于不足状态。为了获得丰产，施用化学氮肥是十分重要的。在正常情况下（不缺水）施用氮肥有利于果树生长，可使树上长出较多的幼嫩枝叶，这些枝叶能合成较多的赤霉素，赤霉素能抑制树体内乙烯的生成，因此起到抑制花芽的作用，这就是氮肥多了，枝多叶大而花少的道理。

2.磷

　　土壤中有效磷（P_2O_5）不能低于100毫克/千克，应在200毫克/千克以上，但若高于1 000毫克/千克，果树易发生小叶病或果肩皱缩失水病。磷肥（如过磷酸钙）施入土壤后易被土壤固定，当年利用率仅为10%～20%。施磷肥应注意：不要过量，要施在吸收根系附近；磷肥中都含有镉、铅等重金属元素，应注意对土壤的保护。

3.钾

土壤中钾有矿物性钾、缓效性钾和速效性钾。其中矿物性钾不能被果树直接利用，必须经长期风化、土壤耕作、解钾微生物等作用转化为次生性矿物性钾释放出来被利用；土壤中缓效性钾，可缓慢释放出来被利用；速效性钾包括吸附在土壤胶体上的交换性钾和土壤溶液中的钾离子，可被果树直接利用。在生产中，值得注意的是，果树对钾的吸收和钙、镁的吸收存在拮抗关系。因此，钾过量会引起钙、镁营养受阻。

4.钙

土壤中的钙是以离子状态存在，对植物有效的钙。当土壤中水分缺乏或过多时，土壤钙离子总量和钾离子、硼离子、钠离子等任何一个过多时，均能降低果树对钙的吸收，减少叶片和新梢含钙量，从而使果实发生水心病，但叶片和新梢则不表现缺钙。钙与氮、磷、钾元素发生拮抗作用后，其钙被土壤固定形成不溶性的氧化钙（CaO）及难溶性的碳酸钙（$CaCO_3$）。

5.镁

土壤中的镁是以离子状态存在的，当镁离子浓度高时，根系吸收过程中，镁可以替换钙离子，使钙离子吸收相应减少，但在生理功能中，镁不能代替钙的作用。

6.硫

土壤中的硫包括有机和无机两种形态，并可有固、液、气3种状态。无机硫包括易溶硫酸盐、吸附态硫酸盐、难溶硫酸盐以及还原态无机硫化物。植物是以溶解态硫酸根形态吸收硫的，所以易溶态和吸附态硫酸根是土壤中的有效硫。土壤中硫元素来自灌溉水，降雨和农药残留物（如石硫合剂等），以及有机质和含硫的肥料（如维生素B_1、硫酸钾等），施用无机态硫通过土壤微生物作用，能很快转变成有机态硫。

7.硼

土壤中的硼包括土壤溶液中非离解态硼酸、吸附态硼、有机复合态硼和矿物态硼4种形态，硼在土壤中和树体内都呈硼酸盐的形态（BO_3^{3-}）存在。缺硼时枝条或根尖分生组织严重受损，甚至死亡，会导致钙吸收受到抑制。树体内碳水化合物发生紊乱，糖的运转受到抑制，形成不正常的生殖器官，花器官萎缩。因此，在授粉时常常加入硼和糖的混合液以提高坐果率。

8.锌

土壤中的锌包括水溶态锌、交换态锌以及吸附于黏粒的锌三种状态。有机质、碳酸盐和氧化物矿物表面的锌。在土壤pH大于7.8时，呈锌酸盐状态（ZnO_2^{2-}）的锌与土壤中的钙离子结合，形成溶解度很低的锌酸钙。在土壤pH

为 $6.0 \sim 7.85$ 的石灰性土壤中，锌变成 $Zn(OH)_2$ 而沉淀变为无效形态。

9.铁

土壤中的铁大多数存在于原生矿物、黏粒、氧化物和氢氧化物中，赤铁矿和针铁矿是土壤中最常见的含铁氧化物。由于在土壤发育过程中，或者富集，或者耗竭，所以铁在土壤中的含量变化幅度很大。铁在石灰性土壤 pH 为 7.2 以上时，其有效的低价铁（Fe^{2+}）变成氢氧化铁（高价铁 Fe^{3+}），而不易被吸收利用，果树易患缺铁黄化病。

10.铜

土壤中的铜包括土壤溶液中的离子态或络合态铜、吸附态铜、闭蓄和沉淀态铜以及有机束缚态铜等。土壤溶液中的离子态或络合态铜是土壤有效铜。

11.锰

土壤中的锰包括水溶性锰、交换性锰、有机束缚态锰、易还原态锰以及各种含锰氧化物。水溶性锰是土壤有效锰。

12.钼

土壤中的钼包括水溶态钼和有机束缚态钼。

13.氯

土壤中的氯主要以氯化钠、氯化钙、氯化镁的形态存在。土壤中的氯大部分都直接或间接来自海洋。当土壤中含氯低于 2 毫克/千克时，可引起作物缺氯。但在自然条件下很少发现作物的缺氯症状，这是因为雨水中含氯量较多。

>> 第五节 土壤特性与调节 <<

一、土壤对离子的吸附

土壤的土粒表面能将与其接触的土壤溶液或空气中的某些物质的分子和离子吸附在表面上。土壤中存在着胶体，胶体带有不同电荷。带有负电荷的土壤胶体可以吸附土壤溶液中的阳离子，如 Ca^{2+}、Mg^{2+}、K^+、Na^+、NH_4^+、Al^{3+}、Fe^{3+} 和 H^+；除 H^+ 外，其余都为无机盐离子。

二、吸附态阳离子组成对土壤酸碱性的影响

土壤中的酸碱性是指土壤溶液中 H^+ 和 OH^- 的相对浓度而言。H^+ 的浓度＞ OH^- 的浓度时，土壤呈现酸性，反之则显碱性。当胶粒吸附 H^+ 和 Al^{3+} 时，土

壤呈酸性，吸附 Na^+ 时呈碱性，吸附 Ca^{2+} 时呈微碱或中性。

三、土壤酸碱度的调节

土壤过酸或过碱，都应采取适当的措施加以调节，以适应作物生长的要求。

1.酸性土的改良

酸性土通常用石灰来改良，石灰施用量的理论值通常是根据土壤交换性酸或水解性酸来计算。但实际石灰需要量还要根据植物的生物学特性和土壤性质以及石灰的种类而决定。不耐酸的要多施，耐酸的植物要少施。对于大多数的植物来说，土壤 pH 6 左右就可不必施用石灰。在石灰种类上，如果施用的是碳酸钙（$CaCO_3$），碱性较平缓，作用时间长，用量可多一些，而生石灰（CaO）和熟石灰 [$Ca(OH)_2$] 的碱性强用量要少一些，另外草木灰既是良好的钾肥又可中和酸性，有条件的地方也可采用。

2.碱性土的改良

碱性过强的土壤通常可用石膏、硫磺、明矾（硫酸铝钾）或绿矾（硫酸亚铁）来改良。另外，施用有机肥料，利用有机肥料分解释放出大量的 CO_2 和有机酸来中和碱性。

四、土壤水分

土壤中各种形态的水分是土壤中最活跃的肥力因素之一。农作物在整个生长发育过程中所需要的水分都是从土壤中吸收来的，土壤的养分只有溶解到土壤水中，才能被作物吸收。土壤温度、土壤空气与土壤水分有密切关系，因此土壤中水分的多少直接影响着农作物的正常生长。

1.土壤水分的类型

土壤水分主要来自降水和灌溉。当水渗入土壤后，因受不同引力的作用便形成了各种不同土壤水分，有吸湿水、膜状水、毛管水和重力水分。吸湿水作物不能利用；膜状水作物虽能利用，但运动较慢，满足不了作物需求；毛管水移动快，能源源不断地供给作物根系吸收；重力水是土壤水分达到饱和时，沿土壤孔隙向下渗透形成地下水；地下水也是上层土壤水分的来源之一。

2.土壤有效水

在土壤保持的水分中，能被植物吸收利用的水分。

3.田间持水量

也称为土壤的最大持水量，它是土壤达到毛管悬着水最大量时的含水百分数，是土壤有效水的上限。它包括吸湿水、膜状水和毛管悬着水的全部。田间持水量也可以说是指地下水位较深，排水良好的土壤，在充分供水并允许充分下渗，同时在防止蒸发的条件下，土壤能保持的最大水量（通常在充分灌水后的1～2天）。

五、土壤的通气性

土壤空气是土壤的重要组成之一，对作物生长、土壤微生物的活动、养分的释放以及土壤中化学和生物化学过程都有重要影响。土壤空气的组成特点为：

一是土壤中CO_2是大气中CO_2的5～10倍（大气CO_2约为0.03%），主要因为土壤微生物，尤其是好氧微生物分解有机质时，产生大量CO_2；此外，根系呼吸产生大量CO_2，土壤中的碳酸盐（$CaCO_3$）与有机或无机酸作用放出CO_2。

二是土壤中O_2的含量低于大气中含量，主要原因是生物消耗。

三是土壤中的水汽含量高于大气，土壤中含水量一般超过最大吸湿水量，土壤中空气处于水汽饱和状态。

四是土壤中含有还原气体：如CH_4、H_2S、H_2等。这种情况多出现在田间渍水、严重板结或通气不良的土壤。

六、土壤的热量状况

土壤温度是土壤热量状况的具体指标。它是由热量收入和支出的相互关系决定的。当土壤接受热量时，土壤温度增高；当失去热量时，土壤温度降低。土壤热量状况对植物生长发育、微生物活动、土壤养分转化以及土壤水分、空气的运动等都有重要影响。

1.土壤温度对植物生长发育的影响

土壤热量是植物生长发育不可缺少的基本条件，种子的萌芽和植物生长发育都需要适宜的土壤温度条件。土温过高或过低，对植物生长发育不利，甚至产生冻害或灼伤。

①土温影响植物种子萌发。植物种子萌发要求一定的土温范围。

②土温影响植物根系生长。一般植物根系在2～4℃时开始微弱生长，10℃以上比较活跃，超过30～35℃时，根系生长则受到阻碍。夏季土温过高，常使根系组织加速成熟，甚至发生"灼根"或幼茎"灼伤"现象。冬季温度过低易产生冻害，并影响植物根系对肥水的吸收。

③土温影响植物营养生长和生殖生长。温度过低导致生长缓慢，温度过高导致果实过早熟。

④土温影响土壤微生物的活动。大多数土壤微生物的活动以土温20～30℃为最适宜。过低或过高均会影响微生物的正常生命活动。

2.土壤温度对土壤肥力的影响

①土温影响土壤中的各种化学反应。在一般情况下，化学反应的速度与温度呈正相关，温度越高，化学变化进行愈激烈。

②土温对土壤中生物学过程的影响。土温对微生物活性的影响极其明显。大多数土壤微生物活动时要求温度为15～45℃。

③土温影响土壤有机质和氮素的积累。土壤有机质转化与温度的关系密切，热带地区因温度高，有机质分解快；温带因温度低，有机质分解慢，其所含养分和碳的周转期远比热带要长。

④土温对水、气运动的影响。土温的高低影响土壤的气体交换、土壤水（溶液）的移动及其存在形态。土温越高，土壤水（溶液）的移动越频繁，土壤中气态水较多；相反，土温低时，土壤水（溶液）的移动越微弱，液态水和气态水可能转化为固态。

七、土壤水气热状况调节

土壤中水、气、热是相互影响，不可分割的。其中水是主导因素。水多空气就少，热量传导快，热容量高，土温升降缓慢，变化幅度小。相反，土壤中水少则空气就多。土温升降迅速，变化幅度也大。因此，利用耕作、合理安排种植制度、合理灌溉等手段是调节土壤中水、气、热的重要措施。秋耕、冬灌、春耙、中耕、蹲苗、灌水、镇压等都是调节土壤水、气、热三因素的主要措施，起到松土、透气、保墒、抗旱的目的。

>>　第六节　菠萝蜜施肥要点　<<

一、不同肥料成分的拮抗和相助作用

拮抗作用（Antagonism）抑制相对养分的吸收。在肥料成分共存的过程中，有相互妨碍吸收的作用，即使有养分，植物也不能吸收，不能摄取，从而产生养分缺乏现象。

相助作用（Stimulation）有助于吸收相对养分。肥料的多种成分是在共存过程中互相帮助，提高效果的现象。

根据这种关系，植物会出现养分缺乏症状，同时也会出现养分过剩症状。例如氮会抑制钾和硼的吸收，有助于镁的吸收；磷会妨碍铁、钾、铜的吸收，但有助于镁的吸收；铁会妨碍磷的吸收；钾会抑制钙、镁、硼、氮的吸收，有助于铁、钼的吸收；钼与硼一样，受其他元素吸收的影响；钙会妨碍镁、锌、硼、铁、钾、锰的吸收；铜会抑制铁和钼的吸收；镁会抑制钙、钾的吸收，有助于磷的吸收；锌会抑制铁的吸收。

二、施肥误区

果农在菠萝蜜施肥过程中，一定要根据自己果园的土壤团粒结构和土壤营养以及树龄和树势，精心养护。在树体的日常施肥管理中，常出现以下几个误区：

误区1　施肥时间按忙闲

菠萝蜜树的生长发育和大自然现象一样，春发、夏长、秋收、冬贮。有些果农不是依据果树需肥时期施肥，而是按照自己的感觉走，根据劳力忙闲施肥，"树需肥时无空施，人闲施肥树不需"，造成菠萝蜜树的生殖生长和营养生长失调，枝叶旺长，树体虚旺，形成大量生理落果或该着色时不着色等。错过果树最佳需肥期，增产效果大打折扣。如冬前9—11月吸收储存营养于树皮、木质、花芽、叶芽及根系中，以供给来年春天开花结果长叶用，而很多果农却不在此期浇水施肥，影响养分储存与来年生产。

误区2　施肥量越多越好

施肥需要根据地块大小、树体状况、产量、肥料种类、地力条件等综合因素确定，不能盲目多施，一定范围内多施多长，但是施肥太多会造成烧根烧苗，不但浪费了钱财，酸化板结了土地，还会烧死果树，造成减产。所以要科学施肥。有些果农不是根据肥料种类、树势强弱、树体大小、产量多少、地力条件等因素综合确定施肥量，而是盲目施肥，认为施肥量越多越好。结果是树体营养供需不平衡，重者烧根死树，病害滋生，轻者营养生长和生殖生长不平衡，只长树，结果少，甚至是不结果。

误区3　菠萝蜜树施肥单施氮磷钾

很多果农缺少菠萝蜜树需肥特点知识，买些劣质的氮、磷、钾三元素复合肥或单一有机肥一施一浇就万事大吉了。殊不知形成一个果实不仅仅只需要三大元素，还需要一定量的钙、镁、硫、硼、硅、铁、锌等多种元素，否则容易发生黄叶病、小叶病、黑点病、腐烂病及产量低等情况。正确的施肥应是根据土壤养分状况，将氮、磷、钾三大元素、中微量元素和微生物有机肥混合施用，才能满足菠萝蜜树生长发育需要，获得高产。

误区4 菠萝蜜树施肥不按生长营养期

菠萝蜜树花芽形态分化期、果实膨大增色期是果树一年需肥需水高峰期，要给皮部、木质部、根部、枝条、叶花芽储存养分提供各种营养。但是很多果农此时怕碰落少量果实而不去施肥浇水，惜果心切，多数果农错过了黄金施肥期，影响了来年产量。

误区5 忽略秋季月子肥的重要性

很多果农怕秋季施了肥花了钱，到翌年2—3月花芽分化再施肥，果实"坐"住了，才大量施肥浇水，结果是因秋季树体及花芽储存营养少，在遇到冬季低温侵袭时冻害反而加重。忽略秋季肥的施用违背了菠萝蜜树生长发育规律，使树体虚旺，人为地造成大小年或生理落果，产量下降，优质果减少，有产品无商品，更无精品，有的甚至是一树花半树果，给菠萝蜜树生长、生理带来很多不应有的损失。

误区6 施肥方法不科学

很多果农只怕施肥根吸收不上，能近根时尽量近根，离树干不足20厘米，更有甚者施到树干根部，结果由于施肥过近，过于集中，几个月后果树叶片边缘干枯，叶发黄后脱落，最后将树烧死，损失惨重。农谚说"宁让根寻肥，莫让肥寻根"，就是害怕施肥过近烧坏根系。施肥不是越近越好。菠萝蜜树施肥一般采用环状沟施，挖沟施用，如果挖沟太近，容易伤害菠萝蜜树根系。其实施肥位置以滴水线范围进行环状沟施为好。

很多果农施肥不顾品种、不顾树龄大小，施肥方法不当。植物的生长，水、肥、气、热、光一个都不能少。太阳光一般能传递到40厘米左右深的土层中，大部分吸收根集中在20～30厘米土层中，是吸收养分的集中区，这些根都是管短枝、花芽、果实的。有些果农施化肥施到80厘米，有的达到1米，浇水后养分随水渗透到下层，吸收根无法充分利用，造成人力、肥力、资金三大浪费。正确的施肥方法应该是，施化肥施到15～20厘米，全园撒施，施后及时浇水，水渗下去刚好与吸收根相结合；而有机肥则应挖坑深施，引导主根及侧根往土壤深处扎。

误区7 农家肥随意使用

有机肥营养全，但含量低，迟效，缓效，更重要的是需沤制成熟粪，只有腐熟粪肥施到土壤中才能被植物吸收利用，生粪施到土壤中要沤制成熟粪，必然产生一定热能和有害气体甲烷以及硫化氢，从而会烧伤大量吸收根。农谚有"冷肥树木热肥菜，生粪上地连根坏"，生粪上地轻者烧伤叶片死枝，重则死树，牛、羊、猪、鸡粪必须充分发酵腐熟后方可使用。生产中有将生粪直接装袋放置地表（图5-16）或直接将粪肥施于地表并靠近树头的现象（图5-17），此举不仅肥效慢，且容易伤根。

图5-16　将生粪直接装袋放置地表

图5-17　将粪肥直接施于地表并靠近树头

很多果农施肥不是以肥定产，或者以产定肥进行科学施肥，而是大年大施肥，小年小施肥，无果不施肥；有的是图简单，大年、小年、强树、弱树一拉平，一刀切，结果导致大年产量过大，小年树木虚旺，腐烂病大发生。原因是大年挂果超量，埋下腐烂病隐患，施肥又不综合配方施肥，而是单施三元素复合肥。

很多果农都知道地下施肥，但对地上施肥即叶面肥的作用轻视或认识不清，导致黄叶病、小叶病、缩果病、早期落叶病等生理性病害发生严重，叶片光合功能降低。还有些果农懒于秋施基肥，怕麻烦图省力，只在果实生长期才冲施液体肥，或枪施液肥。叶面肥、液体冲施肥是速效性补充肥料，而秋施有机肥、三大元素肥、中微量元素肥，综合施用才是保障稳产高产的根本。肥料有它的独特性及不可替代性，只有综合施肥，才能获得高产，连年稳产，任何一种单一肥料都达不到优质、高产、稳产。

误区8　菠萝蜜园管理不科学

由于水利条件有限，或者是供水时间和施肥时间不能同步，或降雨偏少，菠萝蜜树施肥后，由于没做到水肥同步，肥料得不到水分溶解，难以吸收利用。不论水、旱地都要借墒施肥、造墒施肥、水肥同步，才能达到沃土壮树，果实累累的目的。

还有一个共性问题就是施肥时，不论挖穴还是开沟施肥，只是把肥料往穴中或者沟中一撒就填土，这样做往往会导致肥料过于集中，不但会烧坏一部分根系，且肥料利用率低，因为菠萝蜜树根系上下深浅分布不同，有肥的地方易出现烧根，而无肥的地方则是无肥可吸收。正确做法是：将各种肥料与土混合后方可回填到穴内或沟内，这样有利于各层根都能吸收，既提高吸收率，又不会因施肥而烧根。

由于菠萝蜜树树冠不断扩大，进园施肥困难多，很多果农在施肥时，多用冲施肥进行追肥补充营养，但因方法不当，常常出现在入水口处有几株甚至几十株被烧死的现象。原因是长期冲施肥，水一进地就冲肥，结果是由于进水口冲肥时间长，下渗多，被树大量吸收，致使根烧坏引起树木落叶、落果直至死亡。正确的方法应该是水进地后当浇到树行面积一半左右时，再将要冲的肥料慢慢间断性地加入水中，当水到终点时，肥料也就均匀流到终点，这样就不会烧根了。总之，果树正常的生长发育，不但需要阳光、水分、空气和适宜的生长环境，还需要适时的能量补充。就像人吃饭，如果太早、太晚或量不足，就达不到早吃好、中吃饱、晚吃少的合理饮食之道。因而，菠萝蜜树施肥管理必须定时、定量、温和、适中、肥水兼顾、远近、深浅适当，大量元素、中微量元素齐全，因树而异，才能确保树势中庸、强健、果实累累。

误区9　缺乏测土配方施肥

由于多年不科学施肥，造成土壤污染破坏严重。有机质缺乏、酸碱度不平衡、中微量元素缺乏、有害重金属超标使得菠萝蜜树营养吸收受到严重影响。经多年的科学研究证明，科学测土，配套使用环保、生态、吸收利用率高的套餐无污染肥是今后长期优产高产的必需。

三、假劣肥料辨别方法

所谓的劣质肥料，就是肥料的生产企业没有严格按照肥料生产的标准、规范、工艺要求而生产出来的产品，这种肥料可能会造成减产甚至绝收，如果有些原料、工艺不过关，或者有机肥没有完全腐熟，这也可能会导致农产品重金属超标、外观以及风味都达不到健康产品的要求。再严重一点，如果长期施用假劣肥料，可能会给土壤或者地下水带来污染。

1.通过"看、摸、嗅、烧、溶"辨别化肥真假

（1）看　首先，看外观，劣质肥料的包装大都由劣质材料制成，外皮粗陋，存在包装破损、字体模糊错位的问题。其次，看含量，复合肥中要标明氮磷钾总养分含量的大小，且总养分标明值要大于或者等于配合式中单养分标明值。要注意的是，含氯肥料会特殊说明，因为部分作物对含氯元素的肥料敏感，如马铃薯、辣椒、白菜、苹果和西瓜等就是对氯敏感的作物。此外，看简介，肥料介绍中，要显著标明生产该肥料的企业名、地址、生产日期、联系方式等，同时注明生产过程中依据的国家和行业标准，无上述信息，采购时要提高警惕。还可通过肥料质量来辨别真假，首先，看肥料的粒度。钾肥多为结晶体；磷肥多为块状或粉末状的非结晶体，如钙镁磷肥为粉末状，过磷酸钙则多为多孔、块状；优质复合肥粒度和比重较均一、表面光滑、不易吸湿和结块。而假劣肥料恰恰相反，肥料颗粒大小不均、粗糙、湿度大、易结块。其次，看肥料的颜色。不同肥料有其特有的颜色，氮肥除石灰氮外几乎全为白色，有些略带黄褐色或浅蓝色（添加其他成分的除外）；钾肥白色或略带红色，如磷酸二氢钾呈白色；磷肥多为暗灰色，如过磷酸钙、钙镁磷肥是灰色，磷酸二铵为褐色等。

（2）摸　将肥料放在手心，用力握住或按压转动，根据手感来判断肥料。采用这种方法辨别磷酸二铵较为有效，抓一把肥料用力握几次，有"油湿"感的即为正品；而干燥如初的则很可能是用倒装复合肥冒充的。此外，用粉煤灰冒充的磷肥，也可以通过"手感"，进行简易判断。

（3）嗅　通过肥料的特殊气味来简单判断。如尿素正常无气味，受潮会散发氨态气味；硫酸铵、过磷酸钙有酸味；碳酸氢铵易分解，会散发强烈氨臭味。复合肥性状稳定，无明显异味，有机无机复合肥根据产品特性会有味道，要视情况确定真假。

（4）烧　将化肥样品加热或燃烧，从火焰颜色、熔融情况、烟味、残留物情况等识别肥料。碳酸氢铵，直接分解，发生大量白烟，有强烈的氨味，无残留物；氯化铵，直接分解或升华发生大量白烟，有强烈的氨味和酸味，无残留物；尿素，能迅速熔化，冒白烟，投入炭火中能燃烧，或取一玻璃片接触白烟时，能见玻璃片上附有一层白色结晶物；硝酸铵，不燃烧但熔化并出现沸腾状，冒出有氨味的烟。过磷酸钙、钙镁磷肥、磷矿粉等在红木炭上无变化；骨粉则迅速变黑，放出焦臭味；硫酸钾、氯化钾、硫酸钾镁等在红木炭上无变化，发出噼啪声。复混肥料燃烧与其构成原料密切相关，当其原料中有氨态氮或酰氨态氮时，会放出强烈氨味，并有大量残渣。

（5）溶　如果外表观察不易识别化肥品种，也可根据在水中溶解状况加以区别。将肥料颗粒撒于潮湿地面或用少量水湿润，过一段时间后，可根据肥料的溶解情况进行判断。如硝铵、磷酸二铵、硫酸钾、氯化钾等可以完全溶解，过磷酸钙、重过磷酸钙、硝酸铵钙等部分溶解；复合肥颗粒会发散、溶解或有少许残留物，而假劣肥料溶解性很差或根本不溶解（除磷肥）。另外，有些化肥含量偏低，如劣质过磷酸钙，有效磷含量低于8%（最低标准应达12%），这些化肥属劣质化肥，肥效不大，购买时如发现可疑现象应及时请专业人员鉴别或检测化验以后再购买为宜。

如发现自己确实买到了假化肥，要积极维护自己的合法权益。可以向市场监管部门举报，或者登录全国12315互联网平台举报，此平台可通过互联网、手机APP及微信等多种途径24小时便捷地进行投诉举报。同时保留好购买凭证如发票和收据、签字或者是盖章，购买时间、地点、化肥名称。留意在发票上记载的产品名称，批次批号是否和所购买的产品一致。此外，实物凭证如包装袋、肥料样品等也要保留好。

2.如何快速判断有机肥质量的好坏?

有机肥有很多评价的指标，一般可以分为基本指标、养分指标、安全指标三大类。基本指标包括水分含量、pH、EC值等；养分指标包括有机质、氮磷钾等的含量；安全指标包括重金属含量、种子发芽率、蛔虫卵死亡率等五项。快速并准确地推断有机肥质量的好坏，对于指导生产具有很强的实际意义，下面介绍几种简单的方法：一是触摸，有机肥内部温度降到环境温度或略高于环境温度，表明大部分物质都已经稳定化，有机物腐熟完毕，可以存储和应用。二是鼻嗅，有机肥的气味取决于腐殖化进行的程度，完成的堆肥常常介于微弱的煮食气味和腐败的肉类气味之间，基本没有臭味。三是观察，堆肥整体外观慢慢变成暗深褐色或者深灰色，同时堆肥颗粒会在降解、磨损和泡软的过程中变小，整体质地变得松散、易碎。

3.判断假劣肥料小绝招

购买肥料首先要看农资经营门店是否有经营许可证，并检查经营范围里面有无化肥农资项目。其次，不要购买价格远低于正常价格的农资产品。选购大品牌的产品更有保障，大品牌能够经受住多年的考验，相对来说更值得信赖。同时，肥料包装及标识是判断肥料产品质量最直观的内容，《肥料　标识内容与要求》（GB 18382—2021）强制性国家标准专门做了明确的规定。一般来说，可以通过检查肥料的包装标识来初步判断肥料的真假伪劣。下面是几个小绝招。

绝招1：检查肥料产品的通用名称。按照强制性国家标准《肥料 标识内容与要求》（GB 18382—2021）的要求，肥料的通用名称要用最大号字体。其次是看叫法。有些假的肥料，养分低，不符合肥料的标准，往往通过名称来混淆视听，擅自起一些和通用名比较相似的名称，比如复合含硫氮肥、含硫氮肥、高效尿素等。如何判断包装上的名称是否为通用名称，需要借助工具来查询。一般通过标准信息公共服务平台或者全国农业食品标准公共服务平台来查询，如没有，就很可能是假的。建议大家不购买名字稀奇古怪的肥料，或者名称里面有夸大成分的肥料，这些可能是假的。

绝招2：核对肥料产品的登记证号。新型肥料、微生物肥料、有机肥料和土壤调理剂等产品都要经过登记才能进行生产和销售。肥料登记证号相当于肥料的"身份证号"，按照《肥料登记管理办法》和产品标准，需要登记的肥料必须有登记证号。2020年以来，大量元素水溶肥料、中量元素水溶肥料、微量元素水溶肥料、农用氯化钾镁、农用硫酸钾镁、复混肥料、掺混肥料等7类肥料的登记取消许可，改为备案。因此这7类产品的"身份证号"由原来的登记证号变为备案号。取得肥料登记、备案的产品可以在农业农村部种植业管理司肥料登记管理系统（https://flyw.agri.cn/publicvue/#/）查询，也可以通过"农查查"手机APP进行查询。查询后，还应该核对登记的信息和购买的产品包装上的信息是否一致，例如登记的适用范围，养分含量等。

绝招3：看执行标准。按照要求，所有国内生产的肥料都必须标注产品执行标准号。肥料生产必须要执行相应的国家标准或者行业标准，GB表示国家标准，NY表示行业标准，Q表示企业标准，T表示团体标准。建议大家优先购买国标和行标的产品，尽量少买企标的产品。

四、施肥管理要点

菠萝蜜生命周期可大致分为幼树期、结果初期、盛果期和衰老期。幼树期以扩大树冠、培养树形和扩展根系为目标，为开花结果打好基础。这个时期要注意施足氮肥和磷肥，适当配施钾肥。结果初期主要以促进花芽分化为目标，此时应重视磷、钾肥。盛果期以优质、丰产、稳产为目标，注重氮、磷、钾配合，提高钾肥比例。衰老期以促进更新复壮、延长结果期为目标，此时以氮为主，适当配施磷、钾肥。

菠萝蜜年生长周期需肥特点大致可分为养分储备期、大量需氮期和养分稳定供应期。养分储备期落叶回田，营养回流储藏至根系和枝干中，对菠萝蜜果树来年早春生长发育特别重要。大量需氮期是器官建造期，需要大量以氮为主的养分。养分稳定供应期是氮持续稳定供应，增加磷钾供应。

1. 施肥总体原则

针对热带、亚热带地区土壤、气候条件，以及广大种植户习惯施用单一比例复合肥而有机肥施用量不足的特点，菠萝蜜施肥总的原则是"四个结合"，即有机肥与无机肥结合、迟效肥与速效肥结合、大量元素与中微量元素结合、土壤施肥与根外追肥结合。经研究试验发现（表5-7），有机肥无机肥结合施用更有利于提高土壤有效养分，促进菠萝蜜生长。其中有机肥和迟效肥以深施为主，无机肥与速效肥以浅施和根外追肥（叶面喷施）为主；在肥料的施用量上，以有机肥和迟效肥为主，无机肥和速效肥为辅。

菠萝蜜生产中，常用"三看法"施肥。

（1）**看树施肥**　即根据品种、物候期、树龄、树势及结果状况施肥。对植株出现缺素症状的，诊断后，缺什么肥，补什么肥。

（2）**看土施肥**　即根据土壤结构、质地、地下水位高低、有机质含量多少、酸碱度、养分情况、地形及地势等进行施肥。如砂质土，保水保肥能力差，宜采用勤施、薄施、浅施和根外追肥的方法；黏土则常用重施、深施或深浅结合施肥的方法。不同质地土壤使用相同施肥模式的土壤养分和菠萝蜜生长有明显差异（表5-8），因此需要结合土壤性状、养分和树体营养状况进行合理施肥。

（3）**看天施肥**　温度、湿度和降水直接影响根系的呼吸作用和对养分的吸收，影响土壤养分的分解、转化和微生物的活动，故应看天（气候）施肥，做到"雨前、大雨不施肥，雨后初晴抢施肥"，以及"雨季干施，旱季液施，旱、涝灾后多施速效肥和进行根外追肥"。

2. 菠萝蜜施肥依据

根据菠萝蜜树体营养诊断（土壤营养诊断和树体营养诊断）进行施肥，是实现科学施肥的一个重要标志。菠萝蜜树体营养诊断科学施肥，对实现菠萝蜜科学生产具有极为重要的作用。

营养诊断的方法一般有3种：形态诊断、化学诊断、施肥诊断。

（1）**形态诊断**　根据菠萝蜜树体的外观形态，判断某些元素的丰缺，要求经营人员具有丰富的实践经验，根据叶片大小、厚薄、颜色、光亮程度、枝条长度和粗度、芽眼饱满程度、果实大小及产量等指标。菠萝蜜树体缺乏某种元素时，一般都在形态上表现特有的症状，即所谓的缺素症，如失绿、畸形等。由于元素不同，生理功能不同，症状出现的部位和形态常有它的特点和规律。

（2）**化学诊断**　分析菠萝蜜叶片、土壤的元素含量，与预先拟定的含量

表5-7 不同施肥方式土壤理化性质和菠萝蜜生物量

处理	土壤pH	有机质(克/千克)	碱解氮(毫克/千克)	有效磷(毫克/千克)	速效钾(毫克/千克)	地上部干重(克)	地下部干重(克)	根冠比(%)
不施肥	5.18±0.06d	20.61±0.48e	68.02±2.84d	117.23±8.11e	50.16±2.61e	17.76±1.63d	5.44±1.20cd	0.30±0.05b
100%化肥	4.46±0.05f	20.31±0.69e	102.06±3.15a	1226.11±312.62a	553.99±36.85a	19.18±2.53cd	6.19±0.78bc	0.33±0.09ab
30%有机肥+70%化肥	4.62±0.07e	22.30±0.46d	87.24±6.15c	776.98±113.52b	424.66±26.54b	18.55±0.89cd	6.77±0.94b	0.37±0.06a
50%有机肥+50%化肥	5.26±0.05c	24.02±0.68c	83.50±4.11c	563.29±15.61c	409.12±9.92bc	22.02±2.77b	8.53±1.20a	0.39±0.07a
70%有机肥+30%化肥	6.00±0.08b	27.78±0.62b	93.19±1.91b	388.97±44.07d	392.48±25.91c	19.86±0.91c	4.82±0.76d	0.24±0.04c
100%有机肥	6.98±0.07a	30.68±0.93a	99.79±4.53a	109.39±10.26e	266.68±22.27d	25.93±0.69a	7.14±0.99b	0.27±0.03bc

表5-8 不同施肥处理不同质地土壤理化性质

土壤质地	施肥处理	pH	有机质含量(克/千克)	碱解氮含量(毫克/千克)	有效磷含量(毫克/千克)	速效钾含量(毫克/千克)
壤土	不施肥	7.60±0.12a	11.86±0.48c	47.99±0.98b	7.64±0.58b	21.42±1.99c
	化肥	7.44±0.09a	12.88±0.16bc	99.49±6.84a	20.42±2.7a	32.14±0.75b
	有机无机肥配施	7.07±0.09b	15.31±1.39ab	89.99±3.77a	20.79±2.64a	60.85±5.01a
	有机肥	6.97±0.08b	15.67±1.02a	89.14±8.76a	24.36±4.70a	57.42±1.07a
砂壤土	不施肥	6.97±0.11b	18.84±0.68c	93.78±5.24c	15.93±0.54c	39.95±7.84ab
	化肥	7.13±0.12ab	19.14±0.29c	87.81±1.70c	84.38±4.71b	47.66±3.34a
	有机无机肥配施	7.17±0.11ab	24.47±0.36b	114.60±2.11b	137.89±30.79a	51.09±5.04a
	有机肥	7.38±0.05a	31.55±0.52a	149.47±4.85a	102.78±6.71ab	31.69±2.11b
砂土	不施肥	7.68±0.10ab	4.73±0.49b	20.38±1.50c	22.50±1.92c	0.60±0.00b
	化肥	7.65±0.05ab	6.30±0.86a	22.25±2.02c	64.98±2.75a	1.92±0.56ab
	有机无机肥配施	7.86±0.08a	4.69±0.10b	29.35±1.09b	59.36±1.21ab	2.58±0.60a
	有机肥	7.58±0.05b	6.14±0.21ab	36.57±1.61a	54.37±1.83b	2.25±0.59a

标准比较，或就正常与异常标本进行直接的比较作出丰缺判断。主要有：叶片分析诊断、土壤分析诊断。一般来说，叶片分析结果最能直接反映菠萝蜜树体营养状况，所以是判断营养丰缺最可靠的依据。土壤分析结果与果树营养状况一般也密切相关。但因为菠萝蜜树体营养缺乏除土壤元素含量不足外，还因为树体本身根系的吸收要受外界不良环境的影响，因此有时会出现土壤养分含量与植株生长状况不一致现象。所以总的说来，土壤分析与植株营养状况的相关性就不如叶片分析结果高。但是土壤分析在诊断工作中仍是不可缺少的。它与植株分析结果互相印证，使诊断结果更为可靠。

①叶片分析诊断。以叶片的常规（全量）分析结果为依据判断营养元素的丰缺，这种方法已比较成熟。主要原因在于菠萝蜜为多年生作物，叶子寿命长，叶片中各种成分浓度有一个相对稳定的时期。作为叶片分析的样本，一般是以当年生枝的中部生理成熟的叶片为宜。供作分析的叶片，宜在叶片营养元素变化较小时采取。笔者前期研究得出菠萝蜜适宜采5—7月成熟叶龄叶片进行营养诊断。供分析用的叶片，应尽量做到标准一致。

②土壤分析诊断。应根据菠萝蜜树种、品种、树龄、砧木、土壤、肥料种类和生长势等进行土壤施肥。若根系强大，分布深而广，施肥宜深，范围要大。根系分布浅的施肥宜浅，范围要小。幼树的根系浅，分布的范围不大，以浅施、范围小为宜。随树龄增大，根系扩展，施肥的范围和深度也要逐年加深扩大，满足菠萝蜜树对肥料日益增长的需要。再根据土壤性质与品种差异、需肥关键时期和肥料的种类进行追施肥料，所以，在追肥的方法上有所不同。一般是测定土壤的有效养分。土壤分析结果可以单独或与植株分析结果结合判断养分的丰缺。在缺素症诊断中，由于缺素症通常不是所有植株都普遍均匀地发生。所以需要按症状有无及轻重采集根际土壤进行养分测定分析。对于菠萝蜜这种深根作物，不仅需要采集耕层土壤，而且还应根据根系伸展情况采集中、下层的土样。

（3）施肥诊断　采用叶面喷、涂、切口浸渍、枝干注射等办法，提供某种被怀疑元素，使植株吸收，观察植株，症状是否得到改善等做出判断。这类方法主要用于微量元素缺乏症的应急诊断。应注意的是所用的肥料或试剂应该是水溶、速效的，浓度一般不超过0.5%。

3. 菠萝蜜平衡施肥

养分平衡法是配方施肥中最基本和最重要的方法。做到准确配方施肥，必须掌握菠萝蜜树的目标产量、树体需肥量、土壤供肥量、肥料利用率和肥料中有效养分含量五大参数，这是平衡法配方施肥的基础。施肥量＝（吸收量－土壤天然供给量）/肥料利用率。影响施肥的因素很多，需要考虑菠萝蜜的需肥特性、土壤供肥情况、产量、肥料利用率等。因在对菠萝蜜施肥时，既可按树龄来确定施肥量，也可按产量水平来确定施肥量，根据菠萝蜜园土壤养分状况结合叶片分析结果来确定施肥量是比较科学的方法。

（1）**菠萝蜜树的目标产量**　依树种、品种、树龄、树势、花芽及气候、土壤、栽培管理等综合因素确定。

（2）**菠萝蜜树体需肥量**　菠萝蜜树在年周期中需要吸收一定的养分量，以构成树体完整的组织。

（3）**土壤供肥量（天然供给量）**　如氮的天然供给量，约为氮的吸收量的1/3，磷为吸收量的1/2，钾为吸收量的1/2。

（4）**肥料利用率**　菠萝蜜树对肥料的利用率，氮约为50%，磷约为30%，钾约为40%。

4. 施肥时期的确定

（1）**掌握菠萝蜜树需肥时期**　成年果树萌芽、开花、新枝生长需要较多的氮素。幼果期到膨果期需要充足的氮、磷、钾，尤其是氮和钾。果实采收后是树体积累营养的时期，积累营养的多少对来年萌芽开花影响较大。有明显的需肥高峰期，1—6月是生长旺盛期，枝叶生长、花芽分化、开花结果、根系生长需消耗大量的营养物质。

（2）**掌握土壤中营养元素和水分变化规律**　分析土壤中各种元素的有效含量。土壤中元素的有效浓度在一定范围内与树体中养分含量有一定的相关性。清耕果园一般春季含氮较少，夏季有所增加；钾含量与氮相似；磷含量则不同，春季多，夏秋季较少。土壤营养物质含量与间作物种类和土壤管理制度也有一定关系。土壤质地不同，保蓄肥水的能力与营养状况也不同，施肥期间应有所差别。土壤水分含量与发挥肥效有关。积水或多雨地区，肥易淋洗流失，从而降低肥效和利用率。应根据土壤水分变化规律或结合排灌施肥。

（3）**掌握肥料的性质**　凡速效、易流失或施后易被土壤固定的肥料，宜在果树需肥期稍前施入；迟效肥（有机肥）因需腐熟分解后才能被吸收利用，宜提前施入。

（4）**基肥**　基肥是菠萝蜜年生长周期中所施用的基本或基础肥料。其作用不但要从菠萝蜜树的萌芽期到成熟期能够均匀长效地供给营养，而且要利于土壤理化性状的改善。基肥施用宜在立秋至秋分，因品种和地区有所不同。早施基肥有三个优点：一是早秋季节温度高、湿度大，微生物活动旺盛，有利于基肥的腐熟分解。从有机肥开始施用到成为可吸收状态需要一定的时间。以饼肥为例，其无机化率达到100%时，需8周时间，而且对温度条件有要求。因此，基肥应在温度高的9—10月进行。二是秋季是菠萝蜜树最需要养分的时候，需要营养进行花芽分化，吸收大量营养储备到根茎芽内。三是秋季是果树根系第三个生长高峰期，施肥中被损伤的根系容易愈合，可最大限度地增加树体内营养物质积累，对树势影响较小。基肥施用量应占全年总施用量的1/3 ～ 1/2为宜。以有机肥为主，如腐殖酸类肥料、堆肥、厩肥、作物秸秆、杂草等。

（5）追肥 追肥又叫补肥，当菠萝蜜树需肥急迫时必须及时补充肥料，才能满足果树生长发育的需要。追肥既为当年壮树补充高产优质的肥料，又为来年生长与结果打下基础，是菠萝蜜树生长中不可缺少的施肥环节。追肥次数和时间与气候、土质、树龄等有关。高温多雨地区或砂质土，肥料易流失，追肥宜少量多次；反之，追肥次数可适当减少。幼树追肥次数宜少，随树龄增长结果量增多，追肥次数也应增多，调节生长和结果的矛盾。对成年结果树一般每年追肥2 ～ 4次。追肥分4个时期。

①花前追肥（萌芽肥）。在开花前尽早施入，此次施肥能促进树体萌芽和开花，提高坐果率，促进新梢生长。此次追肥宜在树冠外缘向内30 ～ 50厘米处穴施或沟施，施肥量的多少依据果树的树龄、树势、产量等具体情况，株施1 ～ 2千克三元复合肥。

②花后追肥（稳果肥）。3月中旬到4月初施入为宜，此次施肥能促进花芽分化、果实发育，防止或减轻因营养不良造成的"六月落果"。施肥量为全年氮肥的1/3、钾肥的1/2，施肥方法宜趁墒全园撒施，并深翻为佳。

③果实膨大期追肥（壮果肥）。促进果实肥大，并为来年结果打基础，克服大小年结果。以氮、磷、钾配合施用。

④采后肥。采果后的树体营养匮乏，失去原来的平衡，急需调整组成新的平衡，而此时正值菠萝蜜树花芽分化与新梢第二次生长期。为了更多制造光合产物，形成优质花芽，应在果实采收后立即（1周之内）追1次含磷量较高的三元复合肥，株施量1 ～ 2千克。

5. 施肥方法

菠萝蜜的施肥方法应根据土壤条件、品种、树龄、产量水平等因素来决定。主要分为土壤施肥和根外追肥两类。

（1）土壤施肥 必须根据根系分布特点，将肥料施在根系集中分布层内。其施肥的深度和广度与树种、品种、树龄、砧木、土壤和肥料种类等有关。菠萝蜜根系分布深而广，垂直分布集中在10 ～ 100厘米，水平分布集中在距离树干2米，吸收根主要分布在10 ～ 60厘米，施肥应集中在此区域。施肥应在株间或行间的树冠滴水线外围，施肥沟的深浅依肥料种类、施用量而异。施肥可采用环状沟施、放射状沟施、条状沟施、穴贮肥水技术。

环状沟施：以树冠滴水线（树冠外沿）为中心，开宽20 ～ 40厘米、深20 ～ 50厘米的沟，将肥料与土壤混合后施入沟内，再将沟填平（图5-18）。

条状沟施：在树的行间或株间或隔行开沟，沟宽和沟深同环状沟施，开沟的位置要逐年更换，此法具有整体性，且适于机械操作（图5-19）。

图5-18　环状沟施

图5-19　条状沟施

放射状沟施：以树干为中心，挖4～6条放射状沟。自树冠边缘至树干1/2处向外挖，沟宽20～30厘米、深20～40厘米，内窄外宽，内浅外深，开沟的位置要逐年更换（图5-20）。

穴贮肥水技术：在树冠滴水线处挖40厘米深、直径40厘米的圆形肥水穴，数量依树冠大小而定，4～8个不等（图5-21）。

图5-20 放射状沟施

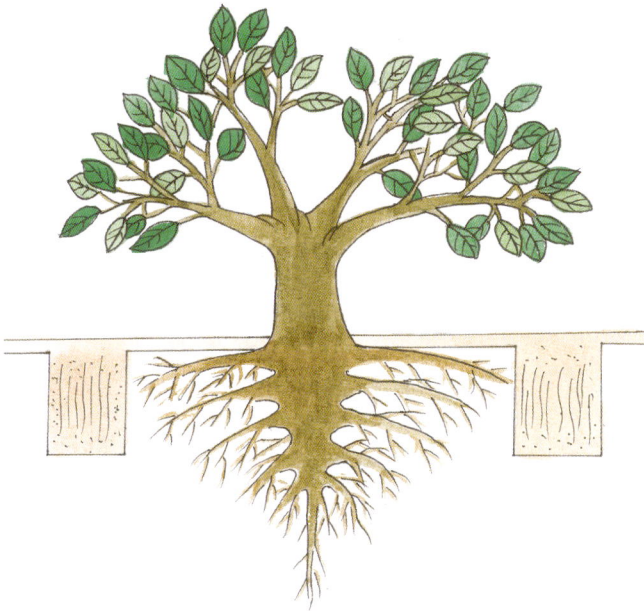

图5-21 穴贮肥水

全园施肥：成年果园或密植果园根系已布满全园时多采用此方法。将肥料均匀地撒布园内，再翻入土壤里，但因施得浅，常导致根系上浮，降低根系的抗逆性和易发根蘗。此方法若与放射沟施肥隔年更换，互补不足，可发挥肥料的最大效应。

有机堆肥施用以开深沟施，规格为长 80 ～ 100 厘米、宽 30 ～ 40 厘米、深 30 ～ 40 厘米，沟内压入绿肥，施有机肥并覆土。水肥和化学肥料以开浅沟施，沟长 80 ～ 100 厘米、宽 10 ～ 15 厘米、深 10 ～ 15 厘米。施肥时混土均匀。旱季施化肥要结合灌水，有机肥施用应结合深翻扩穴深施。如有土壤分析条件，可按土壤有机质含量划分土壤肥力水平，可将土壤肥力分为 3 个等级，有机质小于 1% 称为低肥力土壤；1% ～ 2.5% 称为中肥力土壤；2.5% ～ 4% 称为高肥力土壤。

(2) **根外追肥**　根外追肥又称叶面喷肥，是菠萝蜜树急需营养时的补充肥料，方法是将低浓度的肥料溶液喷施于叶面。根外追肥的特点：用肥量小，并减少肥料的损失，提高肥效；可使叶内营养素直接增加，发挥作用快，可迅速供给果树生长结果的需要；可提高叶片光合强度 0.5 倍以上；提高叶片的呼吸作用和酶的活性，改善根系营养状况，促进根条发育，增强吸收能力，促进植株整体的代谢过程；可避免土壤的固定，使某些易被土壤固定或缺乏的元素得到补充；天旱地干时，因为土壤施肥不易发挥良好的效果，可使用根外追肥补充。但在土壤肥沃和基肥充足的情况下，没有追肥的必要。根外施氨基酸复合肥 300 倍液，可提高叶片光合强度 0.5 ～ 1 倍，喷后 10 ～ 15 天叶面对肥料元素反应最明显，以后逐渐降低。从谢花后开始每隔 10 ～ 15 天喷施 1 次叶面肥，连续喷 5 ～ 7 次，对减少落果，提高产量和质量均有显著效果。采果后，马上喷 1 次 200 倍的波尔多液，可延长叶片寿命，提高叶片的光合能力，达到增加树体营养的目的。喷肥重点是叶片背面。晴天宜在上午 10 时前和下午 4 时后，阴天全天均可喷肥。但根外追肥不易满足菠萝蜜树对养分的要求，如喷施氮肥后，只是叶片含氮量增加，其他器官的含氮量变化很小，作用有一定的局限性。因此，根外追肥只是土壤施肥的补充措施，不能替代土层根际施肥。

6. 肥料种类

(1) **有机肥**　常用的有机肥有畜禽粪、畜粪尿、厩肥、堆沤肥、土杂肥、草木灰、鱼肥，以及塘泥、饼肥和绿肥等。不同有机肥对菠萝蜜生长（表 5-9）和土壤养分（表 5-10）的影响有差异。有机肥的养分多呈复杂的有机形态，须经过微生物的分解才能被作物吸收利用，其肥效缓慢而持久。有机肥中富含的有机质和腐殖质，可改良培肥土壤，增加土壤微生物活性和生态多样性，增强土壤的保水保肥能力。施用有机肥作基肥或追肥时，应施用腐熟的有机肥。

表5-9　施用不同肥料的菠萝蜜各器官生物量及养分积累

器官	处理	干重（克/株）	氮（毫克/克）	磷（毫克/克）	钾（毫克/克）
根	不施肥	8.05±2.42a	7.47±0.43d	2.46±0.52bc	4.95±0.74b
	黄豆粉有机肥	4.37±0.49b	16.73±1.52a	1.19±0.26d	7.93±0.99a
	羊粪有机肥	4.17±0.91b	16.24±1.27ab	3.40±0.52a	4.76±0.50b
	鸡粪有机肥	4.72±0.56b	12.22±0.84c	2.04±0.16c	7.93±1.08a
	牛粪有机肥	6.15±1.21ab	14.33±0.78b	3.00±0.45ab	9.54±1.57a
	化肥	5.73±2.24ab	11.13±1.49c	1.23±0.30d	8.11±0.71a
茎	不施肥	8.04±0.96ab	5.26±0.25c	2.27±0.20b	7.08±0.54d
	黄豆粉有机肥	5.57±0.64cd	10.68±1.30ab	1.69±0.38c	11.95±0.38b
	羊粪有机肥	4.52±0.82d	11.25±0.65a	3.48±0.13a	9.42±0.54c
	鸡粪有机肥	6.88±0.25bc	9.08±0.84b	2.65±0.26b	13.33±0.91a
	牛粪有机肥	8.87±0.13a	9.57±0.53ab	2.73±0.21b	12.74±1.14ab
	化肥	6.69±1.07bc	11.19±1.60a	1.28±0.22c	11.63±0.57b
叶	不施肥	8.61±0.72ab	15.93±0.22d	1.67±0.17c	11.17±1.38e
	黄豆粉有机肥	6.72±1.48b	24.52±1.58b	1.91±0.21bc	18.14±0.84a
	羊粪有机肥	3.36±1.26c	21.30±1.62c	2.30±0.19a	12.81±0.18d
	鸡粪有机肥	8.68±1.35ab	23.68±0.61b	2.04±0.11ab	16.59±0.76b
	牛粪有机肥	10.58±0.76a	23.25±0.45b	2.04±0.07ab	13.90±0.55cd
	化肥	7.47±0.83b	26.68±1.15a	1.68±0.13c	14.57±0.55c

表5-10　施用不同肥料的土壤理化性质

处理	pH	有机质 （克/千克）	碱解氮 （毫克/千克）	有效磷 （毫克/千克）	速效钾 （毫克/千克）
不施肥	6.64±0.06c	8.12±0.14e	29.43±1.19f	6.15±0.86f	75.16±7.41e
黄豆粉有机肥	6.88±0.10b	16.29±0.32d	100.30±1.08c	47.72±0.78c	1 071.65±12.83b
羊粪有机肥	7.43±0.08a	17.41±0.41c	81.43±1.06d	59.58±1.02b	840.70±12.83d
鸡粪有机肥	7.01±0.04b	26.53±0.73b	106.17±1.82b	64.27±1.49a	1 148.63±12.83a
牛粪有机肥	6.96±0.08b	53.55±0.78a	113.70±1.47a	41.63±0.56d	1 148.63±12.83a
化肥	6.53±0.10c	7.61±0.39e	56.60±0.92e	35.80±0.39e	892.03±12.83c

（2）**无机肥** 常用的无机肥（即化肥）有氮肥、磷肥、钾肥、微量元素肥料、复合肥及复混肥等。

主要氮肥：铵态氮肥（硫酸铵、磷酸二铵和磷酸一铵）、硝态氮肥（硝酸钾和硝酸钙）以及酰胺态氮肥（尿素）。铵态氮肥在其硝化过程中会产生氢离子而导致土壤逐渐酸化，影响菠萝蜜的营养供应。为了防止这个问题的发生，应该科学合理地使用含铵态氮的肥料。

主要磷肥：过磷酸钙（适合中性和碱性土壤施用）、钙镁磷肥（适合酸性土壤施用）、重过磷酸钙（适合中性和碱性土壤施用）、磷酸一铵（适合中性和碱性土壤施用）、磷酸二铵（适合酸性和中性土壤施用）、磷矿粉（适合酸性土壤施用）。

主要钾肥：氯化钾、硫酸钾（不会引起土壤酸化）、硫酸钾镁（含钾、镁、硫元素，对需要满足后两种养分的种植地区特别适用，不会影响土壤pH）、硝酸钾。

氮肥、磷肥、钾肥大多干施，肥料矿质养分含量高，所含养分比较单一，施用后肥效快。过磷酸钙宜在用前一个月与有机肥混堆后施用。

中微量元素肥料：钙镁肥和微量元素。其中，钙可通过撒施石灰、基施过磷酸钙和钙镁磷肥来补充，镁主要通过施硫酸镁和钙镁磷肥来补充，一般与氮磷钾肥同时施用，偏施铵态氮肥易造成土壤酸化，植物表现出缺镁症，因此配合有机肥料、磷肥或硝态氮肥施用，有利于镁肥的吸收。南方果园中易出现缺硼、缺锌等症状，可通过喷施含相应微量元素的叶面肥加以补充。叶面肥常使用的肥源有：尿素、磷酸二氢钾、氨基酸类叶面肥、腐殖酸类叶面肥等，施肥时间主要安排在开花前，果实生长膨大期，可在每次喷洒农药时进行。

7. 肥料的有效施用

氮肥的施用遵循配施、深施原则。氮肥与适量磷、钾肥以及中、微量元素肥料配合，增产效果显著。氮肥与有机肥配合施用，既能及时满足作物营养关键时期对氮素的需求，同时有机肥还具有改土培肥的作用，做到用地养地相结合。氮肥深施不仅能减少氮素的挥发、淋失和反硝化损失，还可以减少杂草对氮素的消耗，从而提高氮肥利用率，延长肥料的使用时间。

磷肥的施用遵循早施、深施、集中施原则。磷肥在土壤中易固定，移动性差，不能表施，要集中施在作物根部附近，增加与作物根系接触的机会。磷肥的集中施用，是一种最经济有效的施用方法，因集中施用在作物根群附近，既减少与土壤的接触面积又减少固定，同时还提高施肥点与根系土壤之间磷的浓度梯度，有利于磷的扩散，便于根系吸收。磷肥也要做好与有机肥、氮、钾肥配合施用，有机肥中的粗腐殖质能保护水溶性磷，减少其与铁、铝、钙的接触而减少固定。同时有机肥分解过程中产生的多种有机酸可防止铁、铝、钙对磷的固定，提高土壤中有效磷的含量。总之，磷肥合理施用，既要考虑到土壤条件、磷肥品种特性、作物的营养特性、施肥方法，还要考虑到与其他肥料的合理配比及磷肥后效。

钾肥的施用遵循深施、集中施原则。钾肥深施可减少因表层土壤干湿交替频繁所引起的晶格固定；钾素在土壤中移动性小，因此集中施用可减少钾肥与土壤的接触面积从而减少固定，提高钾肥利用率。菠萝蜜属于多年生果树，应根据果树特点，选择适宜的施肥时期。砂质土壤上钾肥不宜一次施用量过大，应遵循少量多次原则，以防钾的淋失。黏土上则可一次作基肥施用或每次的施用量大些。

肥料的见效时间和肥效持续时间要根据肥料种类，施肥方法以及土壤含水量等情况综合判断。常见氮肥中，尿素的见效时间比一般速效氮晚3～4天，缓控释复合肥主要看氮肥缓控情况，一般5～7天见效，肥效期大概2～3个月。有机肥因种类而定，目前的商品有机肥中速效养分施用后也会很快见效，肥效期大概3～6个月。

8. 水肥一体化

水肥一体化是通过灌溉系统来施肥，通常包括水源、肥池、控制系统、田间输配水管网系统和灌水器等五部分，是借助压力系统（或地形自然落差），将可溶性固体或液体肥料配兑成的肥液与灌溉水一起，通过可控管道系统供水、供肥。水肥通过管道均匀、定时、定量，按比例直接供给给作物。施肥方式包括淋施、浇施、喷施、管道施用等。水肥一体化施肥肥效发挥快，养分利用率高，可以避免肥料的挥发损失，既节约肥料，又有利于环境保护。菠萝蜜水肥一体化设施示意图见图5-22。菠萝蜜园水肥一体化见图5-23。

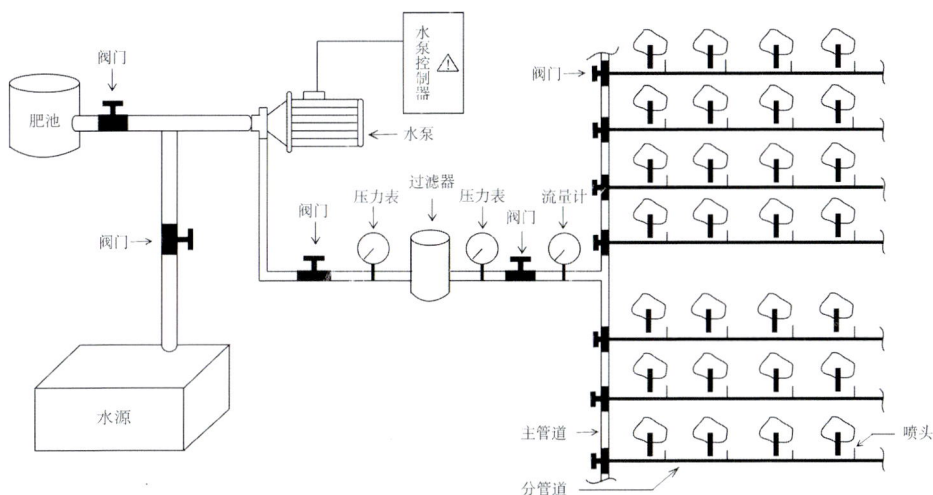

图5-22　菠萝蜜园水肥一体化设施示意图

图5-23　水肥一体化

　　菠萝蜜常用的管道系统有喷灌和滴灌。喷灌是把灌溉水喷到空中，形成细小水滴再落到地面，像降雨一样的灌溉方式。喷灌系统包括水源、动力、水泵、输水管道及喷头等部分。优点是节约水资源，减少土壤结构破坏，调节果园小气候，提高产量和工作效率，地形复杂的山地亦可采用；缺点是可能加重真菌性病害的感染，有风的情况下不宜喷灌。滴灌是以水滴或细小水流缓慢地施于植株根域的灌溉方式。优点是较喷灌节水一半左右；缺点是管道和滴头容易堵塞，肥料损失较高，对过滤设备要求较高。

菠萝蜜收获和加工

>> 第一节 收 获 <<

一、采收标准

一般来说，从开花到果实成熟，需要4～5个月。在海南，一般品种的菠萝蜜在夏季高温来临之际果实已成熟，4—6月为果实发育盛熟期。菠萝蜜果实有后熟性，果实成熟与否关系到果实的储运、加工和销售等环节。生理成熟的菠萝蜜，芳香浓郁、味甜如蜜。菠萝蜜食用部分是由花被片膨大而成的果苞，如过早采摘，则甜度低、口感差、香气不足，且果肉色泽偏白；过熟采摘则有些苦味（这是由于果肉中的酒精增加所致），而且极不耐储运。作为食用果肉为目的的成熟果实，其采收有下列几项成熟标准：

①果柄已经呈黄色。

②树上离果柄最近一片叶片变黄脱落，为果实成熟的特征（图6-1）。如见此叶片黄化，果实有八九成熟，采下后熟2～3天，品质最好。

③用手或木棒拍打果实时，发出"噗、噗、噗"的混浊音，表明已成熟；发出清脆音、沉实音，则未成熟。

④外果皮上的刺逐渐稀少、迟钝，果皮上的肉瘤圆突，外形丰满。外果皮变为黄色或黄褐色（少数品种仍保持绿色）。

⑤用利器刺果，流出的乳汁变清，也将成熟。用器物擦果皮上的瘤

图6-1 菠萝蜜采收标准

峰，如果脆断且无乳汁流出，即将成熟。

⑥直接在果实上挖小洞察看，果肉变淡黄色者，已接近成熟。

根据以上标准采收后的果实，自然放置几天即可成熟鲜食，但不能冷藏。一般干苞型菠萝蜜如有外伤感病，仍可保存7～15天；如果在11.1～12.7℃，空气湿度在85%～90%条件下储藏可保存6周。但菠萝蜜一般不耐储运，最好采收前做好准备工作，随采随运，就近加工或销售。至于湿苞型菠萝蜜，成熟后，其外皮软且易剥皮，果柄带果轴自行脱落，易发酵腐烂，极不耐储藏。

建议在菠萝蜜种植园的果树上，在开花时，给予挂牌，标注开花时间，以作为未来进行有计划地分期分批采收果实的依据。

二、采收方法和采后处理

菠萝蜜树结果部位较低，即在树干下端结的果实采收是容易进行的。但结在高位或树端的果实，如果采摘后随手拿下来，则难以操作。因为菠萝蜜果实多数大而重，从高处砍断果柄后让其自然落地，则容易跌伤导致果实腐烂。正确方法是：一人爬到树上，把高位的熟果用绳子绑起来，然后将绳子盘绕在高处树杈上，绳子的另一端由地上的另一人抓紧，砍断果摘柄后让它顺着绳子慢慢滑落到地面。一人操作的话，有爬上爬下之劳。用这种方法采摘可避免果实损坏。大量采收后成熟的菠萝蜜果应尽快就地加工或销售。如果菠萝蜜果实有八、九成熟，2～3天后就成熟了。对于不够成熟的果实，当地群众普遍采用烧过火的木棒，从果柄旁楔入，或者在通风的地方用麻袋包起来，几天后也会成熟。对外销的菠萝蜜果实，采收后先存放在干燥阴凉的地方（图6-2），不要堆放，避免压伤而烂果。运销时，把果小、受内伤、外伤的果，畸形果剔除。装运时最好用竹箩筐分装，每个菠萝蜜用旧报纸或其他包装物包裹（图6-3）；

图6-2　果实存放阴凉处　　　　　图6-3　包装果实

货运车顶要求加盖顶蓬，尽量避免长途运输中震坏、晒坏。值得一提的是，海南兴隆地区菠萝蜜收购商贩常用利刀在果实基部切一小口，以检查果肉色泽是否带黄色或有锈病（图6-4），然后用白灰抹伤口（图6-5），这不失为一个把好质量关的一个好方法。

图6-4 果实成熟度和锈斑果检查

图6-5 伤口涂抹白灰

市场销售时，可整果出售，或剖切零售。后种方法要注意把不好吃的筋（腱或俗称肉丝）去除，抹净黏胶，让果苞肉显得黄澄澄、饱满，而吸引顾客。

三、幼果、青果的利用

在进行菠萝蜜树栽培管理过程中，经常要疏果，即把结果过多、过密，或者果形不理想的幼果、青果摘下。在印度尼西亚一些菜馆或家庭菜谱中菠萝蜜可以做成多种菜肴，有一种叫rendang的菜肴，正是利用菠萝蜜幼果、青果切块加些佐料制成的，很受当地百姓喜爱；青果果肉可作凉拌菜或像炸马铃薯片那样食用，或将之煲汤食用；东南亚国家还流行用菠萝蜜煮咖喱。除此之外，把菠萝蜜幼果、青果煮烂，可作猪饲料或鱼饲料。

>> 第二节 加 工 <<

近年来，菠萝蜜已逐渐成为食品科学与技术专家关注的焦点。Baliga等通过分析发现菠萝蜜果肉中含碳水化合物16.0%～25.4%，蛋白质1.2%～1.9%，脂肪0.1%～0.4%，矿物质0.87%～0.9%。Chowdhury等检测表明孟加拉国首都达卡市所售菠萝蜜不同部位所含的总糖、游离脂肪酸含量丰富。菠萝蜜果肉营养价值高且同时富含钾、维生素 B_6、黄酮类化合物等，具备治疗心血管疾病、改善皮肤和胃溃疡等功能保健作用，可研制不同类型的产品并进行产业化开发。

菠萝蜜果实采收期集中，仅以鲜果销售为主，不耐贮运、销售期短，整体综合效益不高，需加工成产品才能增加市场效益。国内外菠萝蜜果肉产品加工技术发展较快，已有工业化加工应用。近年来，香饮所对菠萝蜜果肉、种子加工工艺与综合利用技术的研发取得重要进展，为今后工业化加工生产提供了技术支撑。

朱科学等探讨梯度降温真空冷冻干燥技术及工艺条件。Saxena 对菠萝蜜果肉热风干燥进行初步研究并对热风干燥过程中果肉的颜色和黄酮类化合物的变化情况进行研究。Ukkuru 对果酒的工艺流程进行初步探索并研制出果酒产品；Joshi 开展菠萝蜜果肉打浆汁接种酵母厌氧发酵生产白酒的研究；谭乐和探索菠萝蜜果酱加工工艺并得到最佳工艺条件；李俊侃采用控温发酵技术以菠萝蜜果肉为原料探索菠萝蜜果酒酿造工艺。除菠萝蜜果肉外，一个成熟的菠萝蜜果实里还含有100～500粒种子，约占果实总重量的1/4，种子富含碳水化合物、蛋白质、脂肪、膳食纤维和其他微量元素等，可食用。国内外已有菠萝蜜种子营养学特性及潜在应用方面的相关报道，Kumar 等检测菠萝蜜果实中种子组成成分；Madrigal-Aldana 等考察两种菠萝蜜果实中种子淀粉在未成熟果和成熟果中的微观形态和化学组成变化；张彦军等从菠萝蜜种子里提取淀粉，并对比其直链淀粉含量、微观结构和粒径等显著影响淀粉物理化学性质的因素，此外对菠萝蜜种子淀粉的功能特性进行深入研究，为下一步功能食品开发奠定理论基础。菠萝蜜种子在面包制作、红曲霉色素生产、蛋白酶抑制剂提取等方面有初步应用，此外关于菠萝蜜种子的报道都集中在淀粉研究方面，尤其在化学改性淀粉、材料、焙烤食品、食品添加剂等方面有初步应用报道。Tulyathan 等表明最高可添加20%菠萝蜜种子粉制作面包。Babitha 等采用菠萝蜜种子作为原料发酵生产红色素。Bhat 和 Pattabiraman 表明菠萝蜜种子是分离胰蛋白酶抑制剂的天然原料。Kittipongpatana 等提取菠萝蜜种子淀粉进行羧甲基、羟丙基、磷酸交联化改性制备化学改性淀粉。Dutta 等采用乙醇—盐酸处理提取菠萝蜜种子淀粉并制备化学改性淀粉。Ooi 等将提取的菠萝蜜种子淀粉作为生物降解促进剂应用在聚乙烯膜里。Jagadedsh 等将提取的菠萝蜜种子淀粉作为原料制作印度焙烤食品"Rapad"。Rengsutthi 等将菠萝蜜种子淀粉作为稳定剂和增稠剂应用到调味酱中。

国内菠萝蜜栽种规模发展迅速，但栽种品种繁多，而且鲜果采收期集中、销售期短，不耐储运，加上缺乏成熟配套的加工技术，造成其经济效益增加不明显、市场产品匮乏且质量参差不齐难以远销，副产物不加利用造成资源浪费等问题，严重制约了菠萝蜜加工产业持续健康发展。为此，近年来中国热带农业科学院香料饮料研究所、海南农垦果蔬产业集团有限公司等单位系统开展了菠萝蜜产业化配套加工关键技术及系列新产品研发，研究菠萝蜜产业化配套加工关键技术，熟化加工工艺，研究制定质量控制标准，并实现了标准化中试生产，研发出系列新产品，包括菠萝蜜西饼、菠萝蜜冻干果脆、菠萝蜜起泡酒、菠萝蜜水果豆和菠萝蜜蜜饯等系列产品（图6-6～图6-10），市场反应良好，

图6-6　菠萝蜜西饼系列

图6-7　菠萝蜜冻干果脆

图6-8　菠萝蜜起泡酒

其中菠萝蜜起泡酒获得海南省2018年第三届旅游商品大赛银奖。海南南国食品实业有限公司、海南春光食品有限公司等公司也在产区研发了菠萝蜜干、菠萝蜜薄饼等系列产品，延伸了产业链，提高了产品附加值。为今后我国菠萝蜜产业化加工提供成熟配套的技术支持，有利于提高产品附加值与市场竞争力，促进产业向工程化、规模化、市场化与品牌化发展，促进热带地区优势产业结构调整，带动相关行业进步，对提高我国菠萝蜜加工的科技创新能力和市场影响力，具有重要的理论与现实意义。

图6-9　菠萝蜜系列产品（香料饮料研究所）

图6-10　菠萝蜜系列产品（海南农垦果蔬集团有限公司）

参 考 文 献

阿布都卡尤木·阿依麦提,樊丁宇,郝庆,等,2020.赤霉素对枣花繁殖生物学特性的影响[J].
新疆农业科学,57(2): 283-291.

曹海燕,宋国敏,2001.木菠萝脆片的研制[J].食品与发酵工业(3): 80-81.

陈耿,2004.海南菠萝蜜出路何在[N].海南日报,2004-12-07(13).

陈广全,钟声,钟青,等,2006.木菠萝嫁接技术简介[J].中国南方果树,35(2): 42.

陈焕镛,1965.海南植物志(第二卷)[M].北京:科学技术出版社.

陈文东,2021.菠萝蜜果肉植物化学物质研究及产品研发[D].南昌:南昌大学.

董朝菊,2011.菲律宾选育出甜木菠萝新品种[J].中国果业信息,28(8): 30.

范鸿雁,谢军海,赵亚,等,2022.海南省菠萝蜜产业发展存在问题及建议[J].中国热带农业
(4): 26-29.

广东省海南行政公署农业局调查组,1984.海南岛菠萝蜜栽培[J].热带作物科技(6): 22-27.

黄甫,吴军华,2002.菠萝蜜果酱生产工艺的研究[J].食品工业科技,23(7): 44-45.

黄光斗,1996.热带作物昆虫学[M].北京:中国农业出版社.

黄家南,2005.木菠萝采果后的施肥管理[N].云南科技报,2005-08-25.

贾文庆,刘会超,郭丽娟,2007.外源钙对木槿花粉萌发的影响[J].山西农业科学,35(6): 56-58.

简明,2005.木菠萝翅绢螟的防治[J].中国热带农业(1): 43.

蒋善宝,王兰州,1982.热带植物资源简介:菠萝蜜[J].热带作物译丛(3): 71-74.

金亚征,忻龙祚,王建民,等,2014.培养基成分对仁用杏花粉离体萌发的影响[J].经济林研
究,32(1): 101-106.

李秀娟,李小慧,1995.菠萝蜜果干的加工技术[J].食品工业科技(4): 53-60.

李秀娟,林文权,1991.菠萝蜜饮料的研制[J].食品工业科技(6): 61-72.

李移,李尚德,陈杰,2003.菠萝蜜微量元素含量的分析[J].广东微量元素科学,10(1): 57-59.

李映志,刘胜辉,2003.国外菠萝蜜主要品种简介[J].热带农业科学(6): 29-33.

李增平,张萍,卢华楠,等,2001.海南岛木菠萝病害调查及病原鉴定[J].热带农业科学(5):
5-10.

梁元冈,陈振光,刘荣光,等,1998.中国热带南亚热带果树[M].北京:中国农业出版社.

卢艳春,蒋婷,谭德锦,等,2024.广西菠萝蜜病虫害发生种类及为害程度调查初报[J].中国植
保导刊,44(5): 41-46.

鲁剑巍,曹卫东,2010.肥料使用技术手册[M].北京:金盾出版社.

吕庆芳，王俊宁，谢丽芳，等，2013. 不同菠萝蜜株系果实品质分析[J]. 广东海洋大学学报(3): 84-88.

罗永明，金启安，1997. 海南岛两种热带果树害虫记述[J]. 热带作物学报，8(1): 71-78.

毛琪，叶春海，李映志，等，2007. 菠萝蜜研究进展[J]. 中国农学通报(3): 439-443.

孟倩倩，王政，谭乐和，等，2017. 黄翅绢野螟触角感器的扫描电镜观察[J]. 热带作物学报，38(7): 1323-1327.

潘超峰，刘诚诚，2022. 培养基组分与培养条件对乌桕花粉萌发的影响[J]. 种子科技，40(7): 22-24.

潘志刚，游应天，等，1994. 中国主要外来树种引种栽培[M]. 北京：北京科学技术出版社.

钱晶晶，曾凡锁，王晓凤，等，2008. 培养基组分、激素及pH值对转基因白桦花粉萌发的影响[J]. 生物技术通报(6): 106-109.

钱庭玉，1983. 木菠萝天牛类害虫幼虫记述[J]. 热带作物学报，4(1): 103-105.

桑利伟，刘爱勤，谭乐和，等，2011. 木菠萝果腐病中一种新病原菌的分离与鉴定[J]. 热带作物学报，32(9): 1729-1732.

苏兰茜，白亭玉，吴刚，等，2019. 菠萝蜜栽培研究现状及发展趋势[J]. 热带农业科学，39(1): 10-15, 41.

苏兰茜，白亭玉，鱼欢，等，2019. 氮素营养对菠萝蜜幼苗生长及光合荧光特性的影响[J]. 中国南方果树，48(3): 67-72.

苏兰茜，白亭玉，鱼欢，等，2019. 盐胁迫对2种菠萝蜜属植物幼苗生长及光合荧光特性的影响[J]. 中国农业科学，52(12): 2140-2150.

苏兰茜，白亭玉，鱼欢，等，2020. 有机肥与化肥配施对菠萝蜜幼苗光合及养分吸收的影响[J]. 中国土壤与肥料(5): 117-123.

苏兰茜，白亭玉，鱼欢，等，2020. 有机无机肥配施对菠萝蜜种植土壤线虫群落的影响[J]. 土壤学报，57(6): 1504-1513.

苏兰茜，濮秋健，白亭玉，等，2024. 土壤质地对菠萝蜜根际微生物碳源利用、线虫群落及果实糖分的影响[J]. 中国农业科学，57(2): 349-362.

苏兰茜，张峰，白亭玉，等，2022. 不同钾素处理下菠萝蜜幼苗生长及养分吸收特征[J]. 热带作物学报，43(3): 520-528.

孙宁，2002. 木菠萝酸奶加工工艺研究[J]. 食品工业科技(1):46-47.

孙燕，杨建峰，谭乐和，等，2010. 菠萝蜜高产园土壤养分特征研究[J]. 热带作物学报，31(10): 1692-1695.

谭乐和，1999. 海南菠萝蜜发展前景及对策[J]. 柑桔与亚热带果树(3): 12-13.

谭乐和，刘爱勤，林民富，2007. 菠萝蜜种植与加工技术[M]. 北京：中国农业出版社.

谭乐和，王令霞，朱红英，1999. 菠萝蜜的营养物质成分与利用价值[J]. 广西热作科技(2): 19-20.

谭乐和，吴刚，刘爱勤，等，2012. 菠萝蜜高效生产技术[M]. 北京：中国农业出版社.

谭乐和，郑维全，2000. 菠萝蜜种子淀粉提取及其理化性质测定[J]. 海南大学学报(4): 388-390.

谭乐和，郑维全，刘爱勤，2001. 海南省兴隆地区菠萝蜜种质资源调查与评价[J]. 植物遗传资源科学(1): 22-25.

谭乐和, 郑维全, 刘爱勤, 等, 2006. 兴隆地区菠萝蜜种质资源评价与开发利用研究[J]. 热带农业科学(4): 14-19.

田翠婷, 吕洪飞, 王锋, 等, 2007. 培养基组分对青离体花粉萌发和花粉管生长的影响[J]. 北京林业大学学报(1): 47-52.

王万方, 2003. 木菠萝栽培技术[J]. 柑桔与亚热带果树信息(1): 29-31.

王文举, 谢臣, 2005. 生长调节剂对梨树开花和花粉萌发的影响[J]. 农业科学研究, 26(4): 30-32.

王云惠, 2006. 热带南亚热带果树栽培技术[M]. 海口: 海南出版社.

吴刚, 杨逢春, 闫林, 等, 2010. 尖蜜拉在海南兴隆的引种栽培初报[J]. 中国南方果树, 39(5): 60-61.

许树培, 1992. 海南岛果树种质资源考察研究报告//华南热带作物科学研究院, 中国农业科学院作物品种资源研究所. 海南岛作物(植物)种质资源考察文集[M]. 北京: 中国农业出版社.

阳辛凤, 2005. 微波膨化加工木菠萝脆片工艺[J]. 热带作物学报(2): 19-23.

叶春海, 吴钿, 丰锋, 等, 2006. 菠萝蜜种质资源调查及果实性状的相关分析[J]. 热带作物学报(1): 28-32.

叶耀雄, 朱剑云, 黄卫国, 等, 2006. 木菠萝的嫁接试验[J]. 中国热带农业(5): 14.

尹道娟, 张国治, 薛慧, 等, 2014. 菠萝蜜种子主要化学成分和加工性能研究[J]. 河南工业大学学报(自然科学版), 35(1): 87-91.

张福锁, 2010. 作物施肥图解[M]. 2版. 北京: 中国农业出版社.

张锦东, 2019. 菠萝蜜的综合利用研究[D]. 广州: 华南理工大学.

张绍铃, 陈迪新, 康琅, 等, 2005. 培养基组分及pH值对梨花粉萌发和花粉管生长的影响[J]. 西北植物学报, 25(2): 225-230.

张世云, 1989. 待开发的热带水果—菠萝蜜[J]. 云南农业科技(2): 43-46.

张涛, 潘永贵, 2013. 菠萝蜜营养成分及药理作用研究进展[J]. 广东农业科学, 40(4): 88-90, 103.

郑坚端, 邱德勃, 1991. 热带果树—木波罗[J]. 植物杂志, 18(1): 6-7.

钟声, 2005. 树菠萝补片芽接技术[J]. 中国热带农业(3): 44.

钟义, 1983. 海南岛果树资源及其地理分布[J]. 园艺学报, 10(3): 145-152.

Bashar MA, Hossain A, 1993. Present status of jackfruit in Bangladesh[M]. ICUC, UK: University of Southampton, 1-21.

Eberling T, Villa F, Fogaça LA, et al., 2022. Definition of a growth medium to evaluate pollen viability in *Hemerocallis* cultivars[J]. South African Journal of Botany, 147: 319-324.

Elevitch CR, Manner HI, 2006. *Artocarpus heterophyllus* (jackfruit)[J]. Species Profles for Pacifc Island Agroforestry, 10: 1-25.

Gardner EM, Gagne RJ, Kendra PE, et al., 2018. A flower in fruit's clothing: pollination of jackfruit (*Artocarpus heterophyllus*, moraceae) by a new species of gall midge, *Clinodiplosis ultracrepidate* sp. nov. (diptera: cecidomyiidae)[J]. International Journal of Plant Sciences, 179(5): 350-367.

Haq N, 2006. Jackfruit, *Artocarpus heterophyllus*, Southampton Center for Underutilised Crops[M], UK: University of Southampton, Southampton, 192.

Jagadeesh S L, Reddy B S, Swamy G S K, et al., 2007. Chemical composition of jackfruit (*Artocarpus heterophyllus* Lam.) selections of Western Ghats of India[J]. Food Chemistry, 102(1): 361-365.

Kallekkattil S, Krishnamoorthy A, Patil P, et al., 2017. Forecasting the incidence of jackfruit shoot and fruit borer *Diaphania caesalis* Walker (Pyralidae: Lepidoptera) in Jackfruit (*Artocarpus heterophyllus* Lam.) ecosystems[J]. Journal of Entomology and Zoology Studies, 5(1): 483-487.

Kallekkattil S, Krishnamoorthy A, Shreevihar S, et al., 2019. First report of a hymenopteran parasitoid complex on jackfruit shoot and fruit borer *Diaphania caesalis* (Lepidoptera: Crambidae) from India[J]. Biocontrol Science and Technology, 95: 1-16.

Khan AU, 2021. Management of insect pests and diseases of jackfruit (*Artocarpus heterophyllus* L.) in agroforestry system: a review[J]. Acta Entomology and Zoology, 2(1): 37-46.

Khan R, Zerega N, Hossain S, et al., 2010. Jackfruit (*Artocarpus heterophyllus* Lam), Diversity in Bangladesh: Land Use and Artificial Selection[J]. Economic Botany, 64(2): 124-136.

Molesworth Allen B, 1975. Common Malaysian Fruits[M]. London: Longman.

Pritee S, Jyothi J, Reddy PVR, et al., 2018. Biochemical basis of host-plant resistance to shoot and fruit borer, *Diaphania caesalis* Wlk. in jackfruit (*Artocarpus heterophyllus* Lam.)[J]. Pest Management in Horticultural Ecosystems, 24(1): 8-14.

Rajkumar MB, Gundappa B, Tripathi MM, et al., 2018. Pests of jackfruit. In: Omkar eds. Pests and their management[M]. Springer, Singapore, 587-602.

Ranasinghe R A S N, Maduwanthi S D T, Marapana RAU J, 2019. Nutritional and health benefits of jackfruit (*Artocarpus heterophyllus* Lam.): A review[J]. International Journal of Food Science, 2019(6): 1-12.

Sakai S, Nagamasu KH, 2000. *Artocarpus* (moraceae)-gall midge pollination mutualism mediated by a male-flower parasitic fungus[J]. American Journal of Botany, 87(3): 440-445.

Schnell R J, Olano C T, Campbell R J, et al., 2001. AFLP analysis of genetic diversity within a jackfruit germplasm collection[J]. Scientia Horticulturae, 91(3): 261-274.

Su LX, Bai TY, Qin XW, et al., 2021. Organic manure induced soil food web of microbes and nematodes drive soil organic matter under jackfruit planting[J]. Applied Soil Ecology, 166: 103994.

Su LX, Bai TY, Wu G, et al., 2022. Characteristics of soil microbiota and organic carbon distribution in jackfruit plantation under different fertilization regimes[J]. Frontiers in microbiology, 13: 980169.

Swami S B, Thakor N J, Haldankar P M, et al. ,2012. Jackfruit and its many functional components as related to human health: A review[J]. Comprehensive Reviews in Food Science and Food Safety, 11(6): 565-576.

Wang X, Wu Y, Lombardini L, 2021. In vitro viability and germination of Caryaillinoinensis pollen under different storage conditions[J]. Scientia Horticulturae, 275: 109662.

Wang Z, Meng QQ, Zhu X, et al., 2020. Identification and evaluation of reference genes for normalization of gene expression in developmental stages, sexes, and tissues of *Diaphania caesalis* (Lepidoptera, Pyralidae)[J]. Journal of Insect Science, 20(1): 1-9.

Wang Z, Zhang SH, Yang CJ, et al., 2020. Biological characteristics and field population dynamics of the jackfruit borer, *Diaphania caesalis* (Lepidoptera: Pyralidae)[J]. Acta Entomologica Sinica, 63(1): 63-72.

图书在版编目（CIP）数据

菠萝蜜施肥管理技术 / 苏兰茜, 吴刚主编. -- 北京 :
中国农业出版社, 2025.8. -- ISBN 978-7-109-33321-5

Ⅰ. S667.8

中国国家版本馆CIP数据核字第2025G0S403号

中国农业出版社出版

地址：北京市朝阳区麦子店街18号楼

邮编：100125

责任编辑：丁瑞华

版式设计：杨　婧　　责任校对：吴丽婷　　责任印制：王　宏

印刷：中农印务有限公司

版次：2025年8月第1版

印次：2025年8月北京第1次印刷

发行：新华书店北京发行所

开本：700mm×1000mm　1/16

印张：10

字数：200千字

定价：128.00元